KONSTANTIN BÖRNER
CHRISTIAN HEMBES

Auf Raubwild jagen

MIT HERZ UND VERSTAND

Erfolgreiche Raubwildjagd dank wildbiologischem Know-how

KOSMOS

☞ *Inhalt*

VORWORT: RAUBWILD – FASZINIEREND, ANPASSUNGSFÄHIG, INTELLIGENT

Fuchs & Co. gehören zweifellos zu den Gewinnern in unseren Kulturlandschaften, die ihnen günstigste Voraussetzungen bieten. Andere Arten dagegen verlieren, oft still und unbemerkt. Lebensraumveränderungen und -verluste sowie die intensive Landnutzung setzen ihnen zunehmend zu. Besonders betroffen sind diejenigen Arten, die auf strukturreiche Lebensräume angewiesen sind, wie bodenbrütende Vögel und das Niederwild. Der Prädationsdruck durch Raubwild verschärft ihre Situation zusätzlich.
In diesem Kontext kommt der Jagd eine entscheidende Verantwortung zu: Sie kann durch die Regulierung des Raubwildes einen positiven Einfluss auf die prädierten Arten ausüben.
Dieses Buch widmet sich der komplexen Thematik der Raubwildbejagung. Es zeigt Wege auf, wie eine ganzjährige und flächendeckende Bejagung aller Raubwildarten dazu beitragen kann, gefährdete Arten zu unterstützen und das Niederwild zu entlasten. Ein zentrales Element dieses Konzepts ist die Kombination traditioneller und moderner Jagdmethoden – von der Fallenjagd über die Baujagd bis hin zur Ansitzjagd – ergänzt durch moderne Technik und innovative Ansätze.

Bodenbrütende Vogelarten wie der Kiebitz stehen in unserer Kulturlandschaft stark unter Druck.

Wildarten, wie beispielsweise dem Feldhasen, können Jäger durch eine verstärkte Raubwildjagd unter die Läufe greifen.

Das Buch ist dabei das Ergebnis der Zusammenarbeit zweier Perspektiven, die sich sinnvoll ergänzen: der eines praktizierenden Berufsjägers mit jahrelanger Erfahrung und der eines Wildbiologen, der sich intensiv mit den ökologischen Aspekten und dem Verhalten dieser Arten auseinandersetzt. Denn wer Raubwild erfolgreich bejagen möchte, muss es nicht nur aus jagdlicher, sondern auch aus wildbiologischer Sicht verstehen und die ökologischen Zusammenhänge begreifen.
Wir laden Sie ein, mit uns auf diese Reise zu gehen – mit der Leidenschaft und dem Wissen eines erfahrenen Jägers und der Neugier eines Wildbiologen. Gemeinsam möchten wir Ihnen ein tieferes Verständnis für die Raubwildbejagung vermitteln und Ihnen die Werkzeuge an die Hand geben, um diese Herausforderung erfolgreich zu meistern. Auch wenn die Jagd nur ein Teil der Lösung ist, entstand dieses Buch aus der Überzeugung, dass die gezielte Raubwildbejagung einen wertvollen Beitrag leisten kann, um den „Verlierern"unserer Kulturlandschaft zu helfen. Zugleich soll es kein Aufruf zu einem „Feldzug"gegen diese Arten sein. Denn diese Arten sind unverzichtbarer Teil unseres Naturkreislaufs. Wer jagt, muss respektieren. Freude, Achtung und Verantwortung gehören untrennbar zusammen – deshalb mit Herz und Verstand jagen.

Für eine effektive Raubwildjagd sollte der Jäger auf die gesamte Palette der Jagdmethoden zurückgreifen.

WILDBIOLOGIE

– *Wissen schafft Jagdkompetenz*

Dr. Konstantin Börner

ÜBER FÜCHSE IM FRÜHJAHR

Wenn der letzte Schnee geschmolzen ist und die ersten Sonnenstrahlen den Boden des Waldes wärmen, beginnt ein neues Kapitel im ewigen Kreislauf der Natur.

In einer kleinen Mulde unter knorrigen Wurzeln einer Kiefer liegt ein Fuchsbau, unscheinbar für das ungeübte Auge. Hinter dieser Öffnung wurde vor einigen Tagen eine neue Generation kleiner Füchse geboren. Blind, hilflos und am Anfang ungewöhnlich grau gefärbt kauern sie eng aneinander, während draußen der Frühling seine Farben verteilt. Die ersten Wochen ihres Lebens stehen ganz im Zeichen von Schutz und Wärme. Doch bald schon beginnen sie mobiler zu werden – erst zögerlich, dann mit wachsender Energie und Neugier. Wenn man sein Ohr an die Bauöffnung hält, kann man sie gelegentlich auch wimmern hören. Später beginnen die ersten Auseinandersetzungen zwischen den Geschwistern. Auch wenn diese spielerisch auf uns wirken, haben sie einen ernsten Hintergrund: Die Welpen bereiten sich damit auf ihr späteres Leben vor und fechten ihre Position im Familienverband aus. Innerhalb kurzer Zeit hat sich unter ihnen eine feste Rangordnung ausgebildet. Körperliche Stärke, aber auch Charakter spielen dabei eine Rolle. Welpen, die in der Rangfolge unten stehen, haben es oft sehr schwer, da sie den ständigen Attacken ihrer Geschwister ausgesetzt sind. Diese können derart heftig sein, dass größere Wunden entstehen. Durch eigene Studien an Wurfbauten vermute ich, dass ein Teil der Welpen sogar daran verendet. Denn das noch kaum ausgebildete Immunsystem hat den in die Wunden eindringenden Keimen wenig entgegenzusetzen – Infektionen haben leichtes Spiel. Von 100 gewölften Jungfüchsen überleben etwa 20 die ersten vier Lebenswochen nicht.

Nach 51 bis 54 Tagen Tragzeit bringt die Fähe ihren Welpen zur Welt.

Spielerisch wird unter den Fuchswelpen eine Rangordnung festgelegt.

Während der Aufzuchtzeit wird für die Fütterung der Welpen reichlich Nahrung benötigt.

DAS GEHEIME LEBEN DER DORFFÜCHSE

Die Zeit des Frühjahrs bedeutet für Füchse aufgrund des Nachwuchses auch immer einen hohen Nahrungsbedarf. Da der Fuchsbau an der Kiefer unweit eines kleinen Dorfes liegt, ist nicht unwahrscheinlich, dass die Elterntiere auch dort Fressbares suchen. Wie regelmäßig sie das Dorf aufsuchen und wie diese Füchse dort generell leben, bleibt dabei üblicherweise unklar. In einer meiner Fuchsstudien wollte ich dieser Frage jedoch genauer nachgehen.

AN DEN SENDER GEBRACHT

Dabei galt es zunächst, Füchse an den Sender zu bekommen. Es dauerte einige Wochen, bis die ersten Füchse gefangen und besendert waren. Das Untersuchungsgebiet lag in Brandenburg, geprägt von landwirtschaftlichen Nutzflächen und einem Waldanteil von etwa 30 %. Im Zentrum befand sich ein für die Region typisches Angerdorf, das im Verlauf der Studie deutlich häufiger von Füchsen genutzt wurde, als ich zunächst vermutete. Leider warfen mich Senderausfälle und der vorzeitige Tod von Füchsen regelmäßig zurück, aber mein Vorhaben nahm Gestalt an. Nach und nach ergaben sich die Raumnutzungsprofile der Füchse, aus denen ich versuchte, Muster zu identifizieren. Dabei erkannte ich unter anderem, dass es bezüglich der Nutzung dörflicher Bereiche offenbar verschiedene Typen zu geben schien.

VORSICHTIGE WELPENVERSORGER

Der hohe Nahrungsverbrauch heranwachsender Jungfüchse veranlasst auch vorsichtige Altfüchse, im Dorf nach Fressbarem zu suchen. Die Zeit, in der sie üblicherweise in der Siedlung aktiv sind, konzentriert sich auf die Monate April bis Juni. In dieser Zeit halten sich demnach auch Füchse im Dorf auf, die sonst das ganze Jahr nicht in der Siedlung anzutreffen sind. Einen dieser Füchse erwischte ich sogar einmal in flagranti, als er sich mit einem Huhn im Fang aus dem Staub machen wollte. Mein Geschrei veranlasste ihn, seine Beute fallen zu lassen und das Weite zu suchen. Das Huhn überlebte den Angriff zunächst, erlag jedoch noch am selben Tag seinen Verletzungen.

Pendler

Ein zweiter diesbezüglicher Fuchstyp ist der Pendler. Sie kommen mehr oder weniger regelmäßig über das Jahr hinweg ins Dorf. Ihnen sind die ergiebigen Nahrungsquellen, wie z. B. Komposthaufen, in den Siedlungen wohlbekannt, die von ihnen auch gezielt und regelmäßig aufgesucht werden. Auch die Zeit, in der das Obst reif ist, lockt sie verstärkt in die Dörfer. Ich habe bei Mageninhaltsuntersuchungen in dieser Zeit immer wieder Füchse vorgefunden, deren Mägen prall mit Kirschen, Erdbeeren oder anderen süßen Köstlichkeiten gefüllt waren. Den Tag verschlafen sie jedoch stets außerhalb des Dorfes. In der Regel bleiben diese nächtlichen Gäste zumeist eher unbemerkt. Zu erwähnen sind dabei auch Füchse, die, obwohl das Dorf räumlich problemlos erreichbar wäre, es aber zu keinem Zeitpunkt auch aufsuchen.

Wissenschaftler nutzen Telemetrie-Technik, um das Verhalten von Füchsen zu erforschen.

Dorffüchse

Ihnen gegenüber stehen jene Füchse, die eine besonders enge Bindung an die dörfliche Siedlung entwickeln. Sie sind ein eindrucksvolles Beispiel für die enorme Anpassungsfähigkeit dieser Art. Einer von ihnen war „Freddy" – ein kräftiger Rüde, der bei seiner Besenderung zwei Jahre alt war. Den Gesichtsausdruck meines Direktors werde ich nie vergessen, wenn ich ihm von Freddy & Co. berichtete. Denn er konnte nur schwerlich verbergen, dass er der Namensgebung von Versuchstieren äußerst skeptisch gegenüberstand. Aber er ließ mich gewähren und hörte sich geduldig meine Reporte an. So durfte ich ihm auch berichten, dass die Ortungspunkte von Freddy zweifelsfrei dokumentierten, dass er das Dorf praktisch nicht mehr verließ. Sein Aktionsbereich war mit rund zehn Hektar äußerst klein – verglichen mit den bis zu 250 Hektar, die Füchse im umliegenden Offenland beanspruchten. Bemerkenswert war auch, dass all seine Wurfgeschwister, soweit ich es nachvollziehen konnte, typische Offenlandfüchse blieben.

Hohes Risiko

Freddy jedoch war ein echter Dorffuchs und es fehlte ihm dort an nichts. Denn auch Schlafmöglichkeiten fanden sich zuhauf. Waren die Morgenstunden gekommen, suchte er sich ein trockenes Plätzchen im Schilf des Dorfteiches. An anderen Tagen kletterte er einfach auf ein Garagendach, um den Tag dort zu verschlafen. Gelegentlich kam es sogar vor, dass sich er und der Landwirt, in dessen Garten der Rüde manchmal auch tagsüber schlief, unbeabsichtigt sehr nahekamen. Denn ein etwa zwei Meter hoher Holzstoß gehörte ebenfalls zu seinen Schlafplätzen. Der Bauer bemerkte den Fuchs allerdings nie. Gelegentlich konnte ich ihn auch bei seinen geschickten Kletteraktionen beobachten. Allerdings leben derartige Füchse auch ein gefährliches Leben.

Holzstöße werden teils als Schlafplätze oder auch als Aufzuchtort für die Welpen von Füchsen genutzt.

Regelmäßig bekam ich Anrufe von aufgebrachten Dorfbewohnern, weil „meine Füchse" wieder etwas angestellt hätten. Auch „Freddy" war im Dorf nicht sonderlich willkommen und es verwundert daher vermutlich wenig, dass sein Schicksal in einem Hühnerstall endete.

BESIEDLUNG NEUER LEBENSRÄUME

Welche grundsätzlichen Lebenslaufstrategien Füchse im Einzelnen umsetzen, ist schwer zu erklären. Oft scheint das Körpergewicht eine Rolle zu spielen. Denn die damit verbundene Durchsetzungsfähigkeit verschafft ihnen Vorteile im Konkurrenzkampf um gute Reviere. Außerdem scheint es so zu sein, dass jede Fuchspopulation in einem geringen einstelligen Prozentbereich „Sonderlinge" zur Verfügung stellt. Während sich also der weitaus überwiegende Teil des Nachwuchses konservativ verhält und im Wesentlichen das tut, was seine Eltern machen, gehen diese Tiere andere Wege. Ich nenne sie gern Eroberertypen.
Eine Eigenschaft, die derartige Füchse zeigen, ist, dass sie weniger Furcht gegenüber Neuem zu haben scheinen. Gerade deshalb endet ihr Schicksal oft tödlich, aber manchmal setzen sie sich auch durch und können einen neuen Lebensraum besiedeln und dort sogar neue Subpopulationen begründen. Stadtfüchse sind ein Beispiel dafür.

FLEXIBLER JÄGER

Die nächtliche Nutzung des Dorfes brachte den betreffenden Füchsen schnelle und oft kalorienreiche Mahlzeiten. Ich habe mich häufig gefragt, ob Füchse nach vielen Generationen in urbanem Umfeld etwas an der Fähigkeit zur Mäusejagd einbüßen. Ich vermute, dass es so ist. Denn alles ist einer stän-

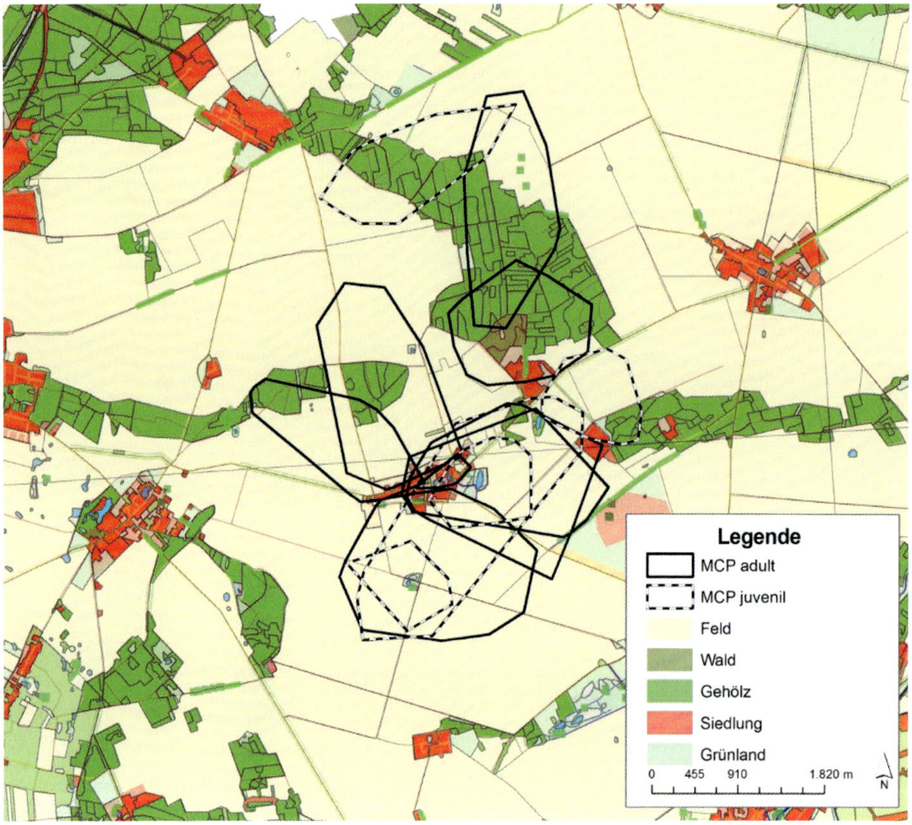

Fuchsreviere – einige Tiere nutzen das Dorf regelmäßig, andere nicht.

OBERSTES GEBOT IST SICHERUNG

Der Futterbedarf einer Fuchsfamilie ist in der Zeit der Welpenaufzucht so groß, dass die Fähe für die Beschaffung sehr viel Zeit und Energie aufbringen muss. Sogar tagsüber ist sie dann unterwegs und sorgt für Nahrung. In der Nähe von Dörfern lebende Füchse greifen dann auch gern auf Federvieh zurück. Die gewissenhafte Sicherung der Ställe ist in dieser Zeit oberstes Gebot. Erschwert wird das dadurch, dass Füchse auch in der Lage sind, manche Hindernisse kletternd zu überwinden. Der Abschuss von Füchsen ist in dieser Zeit jedoch keine Alternative, da sie richtigerweise Elterntierschutz genießen. Dies gilt auch für den Rüden. Auch wenn er bezüglich der Aufzucht des Nachwuchses häufig etwas inaktiver ist, zeigen entsprechende Forschungsergebnisse, dass er sich am Zutragen von Nahrung beteiligt.

digen Veränderung unterworfen. Man passt sich an das an, was gewissermaßen gebraucht wird. Füchse sind ansonsten ungemein geschickte Mäusejäger. Wer einmal die Gelegenheit hatte, einen adulten Fuchs beim Mäuseln zu beobachten, dem wird schnell klar, dass er grundsätzlich wie geschaffen für diese Art von Beutetieren ist. Seine ganze Anatomie scheint perfekt darauf abgestimmt zu sein und nicht zu Unrecht wird er auch die Katze unter den Hunden genannt.
Der Fuchs zeichnet sich aber auch durch seine ökologische Plastizität und opportunistisches Fressverhalten aus. Er verschont also auch andere Beutetiere nicht, wenn sich die Gelegenheit dazu bietet oder er sich gewisse Techniken zu eigen machen konnte.

Ein interessantes Beispiel sind Füchse, die auf Regenwürmer spezialisiert sind. Es gibt Lebensräume, in denen sie sogar zur Hauptnahrung werden können. Die Fähigkeiten, einen Wurm in einem Stück aus der Erde zu befördern, ist jedoch keinesfalls angeboren. Durch soziales Lernen übernehmen die jungen Füchse die Fähigkeiten von erfahreneren Elterntieren. Bis diese Technik von den Jungfüchsen beherrscht wird, dauert es etwa vier Wochen.

In anderen Habitaten können durchaus auch größere Beutetiere systematisch in sein Nahrungsspektrum fallen. So wurde in einer australischen Untersuchung festgestellt, dass Füchse zur Lammzeit gezielt Flächen mit Schafen aufsuchen. Auch wenn dabei in erster Linie die Nachgeburten gefressen wurden, kam es dazu, dass Lämmer getötet wurden. Der Studie zufolge wurden dabei überdurchschnittlich häufig körperlich unterentwickelte oder geschwächte Lämmer gefressen. Eine besondere Risikogruppe bestand bei kleineren Schafsrassen mit entsprechend kleinen Lämmern. Lagen die Geburtsgewichte unter vier Kilogramm, ergab sich eine erhöhte Gefahr, prädiert zu werden. Weitere Faktoren wie der Erfahrungsschatz des Mutterschafs spielten ebenfalls eine Rolle, ob Lämmer durch den Fuchs erbeutet werden konnten.

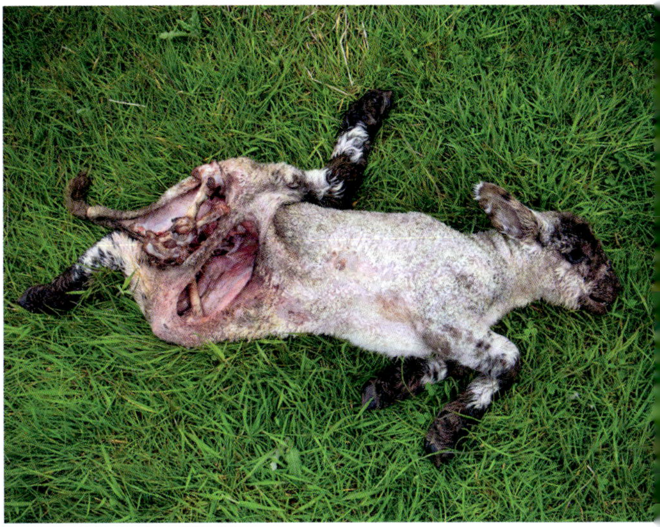

Füchse beginnen beim Anschneiden üblicherweise mit der Eröffnung der Bauchhöhle.

Füchse sind ausgesprochen geschickte Mausjäger.

FÜCHSEN AUF DER SPUR

Das Beispiel mit den Lämmern legt die Vermutung nahe, dass sich der Fuchs auch bei vergleichbar großen Jungtieren von Wildsäugern bedient. Tatsächlich konnte ich bei meinen telemetrischen Untersuchungen wiederholt feststellen, dass sich einige Füchse zur Setzzeit bevorzugt in der Nähe von Ricken aufhielten. So telemetrierte ich an einem Abend im späten April eine zuvor besenderte Fähe. Der Fang dieses Stücks war ein Glücksfall, da ältere Füchse extrem vorsichtig sind und Informationen über diese Tiere entsprechend rar. Die Fähe war zu diesem Zeitpunkt etwa fünf Jahre alt. Sie verfügte über einen enormen Ehrfahrungsschatz und war eine überaus geschickte und erfolgreiche Mäusejägerin. An jenem Abend hatte sie es offenbar aber auf eine andere Beute abgesehen. Über einen längeren Zeitpunkt verfolgte sie in gebührendem Abstand eine hochbeschlagene Ricke. Auch wenn die Ricke nicht panisch auf die Anwesenheit des Fuchses reagierte, schien sie doch beunruhigt und beäugte ihren Verfolger regelmäßig. Nachdem sie einige Male auf der Wiese hin- und hergezogen war, zog sie sich wieder in den Wald zurück, woher sie auch gekommen war. Die Fähe folgte ihr. Bei anderen Gelegenheiten konnte ich vergleichbare Beobachtungen machen. Auch wenn ich niemals dokumentieren konnte, dass dabei ein Kitz zu Schaden kam, blieb der Eindruck zurück, dass die Füchse dabei eine eindeutige Absicht verfolgten.

MORTALITÄTSSENSOREN BRINGEN ES ANS LICHT

Da telemetrische Überwachung diesbezüglich kaum belastbare Daten liefert, muss auf andere Überwachungsmöglichkeiten zurückgegriffen werden. Tatsächlich haben andere technische Instrumente in der jüngeren Vergangenheit dazu beigetragen, das Schicksal frisch gesetzter Kitze zu erforschen. Sogenannte Mortalitätssensoren helfen dabei, die ersten Lebenstage zu überwachen. Dazu werden potenzielle Aufent-

In der Setzzeit sind Füchse ab und an in der Nähe von Ricken zu sehen. Diese reagieren teils energisch und verjagen die roten Räuber.

Für eine Studie wurden Kitze mittels Wärmebilddrohne gesucht und anschließend mit Sensoren versehen.

haltsstandpunkte zum Beispiel mit dem Einsatz von Wärmebilddrohnen abgesucht. Dabei aufgefundene Kitze werden dann mit den genannten Sendern ausgestattet, indem diese auf die Decke geklebt werden. Die Messeinheit registriert kleinste Bewegungen und schlägt Alarm, wenn sich der Tierkörper nicht mehr bewegt. Die Wildbiologen müssen dann schnell den Ort des Geschehens aufsuchen. Nur dann haben sie die Gelegenheit, die Todesursache der kürzlich getöteten Kitze zu ermitteln. In einer französischen Studie untersuchte man auf diese Weise den Verbleib von 57 in den ersten Lebenstagen besenderter Rehkitze (Monestier et al. 2015). Das erstaunliche Ergebnis war, dass ein Großteil der untersuchten Kitze die ersten einhundert Lebenstage nicht überstand. Lediglich 25 Kitze waren nach dieser Zeitspanne noch am Leben. Das entspricht zugleich einem Anteil von nur 43 %.

Hauptursache Kitztod

Die Rolle des Fuchses auf einen Rehwildbestand ist ein viel diskutiertes Thema, besonders im Hinblick auf seine Auswirkungen auf frisch gesetzte Kitze. Schätzungen zufolge fallen 10–20 % der Kitze der Prädation durch Füchse zum Opfer.
Auch in der vorgenannten Untersuchung starben die meisten Kitze durch Beutegreifer, wobei der Fuchs als Hauptverursacher zu nennen ist. Zu einem ähnlichen Ergebnis kam man in einer norwegischen Studie. Dort konnte der Fuchs in 14 Prozent der Fälle für den Verlust von Kitzen verantwortlich gemacht werden. Dass der Fuchs sogar die Entwicklung eines Rehbestandes beeinflussen kann, wurde in einer Untersuchung in Schweden gezeigt. Die Forscher brachten den Anstieg der Rehpopulation mit temporär geringen Fuchsdichten in Zusammenhang.
Wie sich in einer norwegischen Untersuchung herausstellte, kann der Einfluss des Fuchses sehr erheblich sein und zur Hauptmortalitätsursache werden. So stellte sich in dieser Analyse heraus, dass 63 % aller untersuchten Kitze durch den Fuchs starben (Panzacchi et al. 2008). Der Einfluss ist in potenten Rehrevieren besonders hoch. So werden Wiesenbereiche, in denen sich junge Kitze bevorzugt aufhalten, auch vom Fuchs bei der Nahrungssuche präferiert.

Der Anteil der Rehkitze, die vom Fuchs erbeutet werden, variiert sehr stark und hängt von diversen Faktoren ab.

Besondere Risikofaktoren und ökologische Fallen

Aber auch die Landschaftsstruktur und -ausstattung kann einen Einfluss auf die Überlebenswahrscheinlichkeit der Kitze ausüben. Ist die Landschaft stark fragmentiert, ergibt sich daraus eine hohe Mobilität der Räuber mit entsprechenden Folgen. Denn sind wenige Nahrungshotspots und potenzielle Versteckmöglichkeiten vorhanden, steigt die Wahrscheinlichkeit für die Kitze, von einem Beutegreifer entdeckt zu werden (Panzacchi et al. 2008). Dieser Zusammenhang wird bei Zwillingskitzen besonders deutlich. Nach der sogenannten „Win-stay-Strategie" (bleibe dort, wo du erfolgreich warst) haben Zwillingskitze eine erhöhte Mortalitätsrate. Denn hat ein Fuchs eines der beiden Kitze gefunden, steigt die Tötungswahrscheinlichkeit des verbleibenden Kitzes von 20 auf 47 % (Panzacchi et al. 2008). Denn der Fuchs sucht dort weiter, wo er das erste Kitz gefunden hat.

MAXIMALE DICHTE

Die Habitatkapazität eines Lebensraums beschreibt, wie viele Individuen einer Art auf einer bestimmten Fläche existieren können. Ein zentraler Einflussfaktor dabei sind die Nahrungsbedingungen. In einer Schweizer Studie wurde für den Fuchs in städtischen Gebieten eine theoretische Habitatkapazität von etwa 60 Füchsen pro 100 Hektar errechnet. Die höchste jemals gemessene Populationsdichte lag jedoch nur bei 37 Füchsen. Dass dieser Maximalwert nicht erreicht wird, obwohl der Lebensraum es zulassen würde, ist auf soziale Faktoren zurückzuführen: Konkurrenz und Territorialität verhindern eine vollständige Ausschöpfung der Kapazität. Residente Paare oder Fuchsrudel beanspruchen größere Reviere, als sie zur reinen Nahrungsversorgung benötigen unter anderem, um sich Reserven zu sichern.

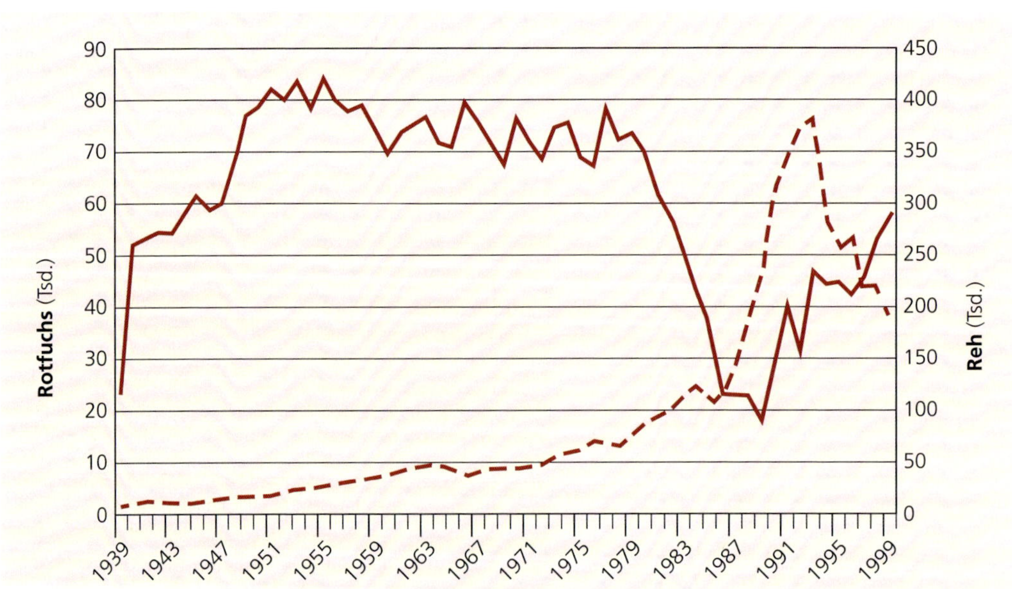

Zusammenhang zwischen Fuchs und Reh in einem schwedischen Untersuchungsgebiet – die prädationsbedingten Verluste der Kitze schwankten zwischen 0–90 % (Janermo & Liberg 2005).

Im Frühjahr sind Feldhasen häufig zu beobachten, im Herbst sind Sichtungen meist deutlich seltener.

IST DER FUCHS DES HASEN TOD?

Wie beim Rehwild stellt sich auch bei anderen Arten die Frage nach dem Einfluss des Fuchses. Feldhasen beispielsweise lassen sich im Frühjahr vergleichsweise häufig beobachten, während der Besatz zum Zeitpunkt ihrer Jagdzeit deutlich geringer erscheint. Unweigerlich drängt sich daher auch die Frage auf, welchen Anteil der Fuchs an dieser vermeintlichen Dynamik hat.

NIEDRIGER & HOHER EINFLUSS

Eigene Untersuchungen von Mageninhalten erlegter Füchse ergaben, dass der Feldhase weniger als ein Prozent der Nahrung ausmachte. Gleichzeitig wiesen Hasenzählungen im Untersuchungsgebiet Bestände von fünf bis sechs Hasen pro 100 Hektar aus. Reviergrößen von bis zu 250 Hektar und der äußerst geringe Nachweis des Hasen in der Fuchsnahrung lassen darauf schließen, dass der Fuchs in diesem Gebiet nur einen geringen Beutedruck auf den Feldhasen ausübt.

Grundsätzlich anders stellt sich die Situation bei hohen Hasendichten dar. In einer polnischen Studie wurde zunächst ebenfalls die Hasendichte bestimmt, die mit etwa 50 Hasen pro 100 Hektar außergewöhnlich hoch war. Auch dort wurden Fuchsmägen analysiert. Die Ergebnisse zeigten ein deutlich anderes Bild: Etwa die Hälfte der Fuchsnahrung bestand aus Feldhasen.

Über den Einfluss des Fuchses auf Hasenpopulationen wird in Jägerkreisen häufig diskutiert.

Kommen viele Feldhasen im Revier vor, habe sie bei der Ernährung des Fuchses eine entsprechend große Bedeutung.

GESTORBEN WIRD IMMER

Der bekanntermaßen hohen Reproduktionsrate des Feldhasen steht eine ebenso hohe Mortalität gegenüber. Die Verluste können enorm sein: Untersuchungen zeigen, dass bis zu 75 % der Junghasen die ersten vier Lebenswochen nicht überleben. Besonders ihre Überlebensrate entscheidet maßgeblich über die Entwicklung eines Bestandes. Wissenschaftliche Modelle belegen, dass die Population selbst dann noch leicht anwachsen kann, wenn die Sterblichkeit adulter Tiere bei 50 % und die der Junghasen bei 70 % liegt. Lebensraumverbesserungen sind daher eine grundlegende und unverzichtbare Säule des Artenschutzes. Jagd kann zudem dazu beitragen, den Beutegreiferdruck zu verringern.

Da in dieser Untersuchung keine Streifgebietsgrößen der Füchse ermittelt wurden, lässt sich zwar keine genaue Entnahmerate berechnen, doch der hohe Anteil an Hasen in der Nahrung zeigt eindeutig, dass der Fuchs bei hohen Hasendichten ein

Die natürliche Mortalität bei Junghasen ist sehr hoch.

erheblicher Prädator ist. Zusammenfassend lässt sich festhalten: Kommt der Feldhase nur in sehr geringer Dichte vor – wie es in vielen Revieren derzeit der Fall ist –, wird eine Reduktion des Prädatorendrucks durch Bejagung des Fuchses kaum Wirkung zeigen. Anders hingegen bei höheren Hasenbesätzen: Hier kann eine intensive Fuchsbejagung durchaus dazu beitragen, den Prädationsdruck zu senken und die Hasenpopulation zu entlasten.

LEBENSRAUM-GESTALTUNG: NICHT NUR REDEN – MACHEN!

Medizinisch ausgedrückt ist die Bejagung des Fuchses in Abhängigkeit von den Bedingungen also eher eine Symptombekämpfung. Die eigentliche Ursache für die vielerorts schlechten Hasenbestände liegt nach wie vor in den ungünstigen Lebensraumbedingungen. Diese müssen vorrangig verbessert werden, damit jagdliche Maßnahmen wie Prädatorenregulation überhaupt wirksam greifen können.
Gerade deshalb kommt der Lebensraumgestaltung eine besondere Bedeutung zu. Kaum ein anderes Thema wird jedoch so intensiv diskutiert und gleichzeitig so wenig konsequent umgesetzt. Dabei herrscht unter den Akteuren vor Ort weitgehend Einigkeit, dass landwirtschaftliche Flächen auch im Sinne der Wildtiere weiterentwickelt werden sollten. Schon eine kluge Nutzung von nur fünf Prozent der Fläche kann einen erheblichen Beitrag für Wildtiere, Biodiversität und Klima leisten. Besonders wirksam haben sich kleinere Flächen und schmale Blühstreifen erwiesen. Untersuchungen zeigen, dass viele Streifen mit einer Breite von zwei bis fünf Metern ökologisch deutlich vorteilhafter sind als große, zusammenhängende Flächen.

In günstigen Jahren wachsen Feldmauspopulationen explosionsartig.

Idealerweise werden solche Maßnahmen langfristig geplant und dauerhaft etabliert. So entsteht ein Netz grüner Adern, das sich durch die Landschaft zieht, Lebensräume schafft und miteinander verbindet. Zahlreiche Artengruppen profitieren davon: Studien belegen, dass die Zahl von Tagfaltern, Bienen, Käfern und Spinnen um bis zu 30–40 % steigen kann. Auch die Vogelwelt erfährt messbare Vorteile: Bodenbrüter wie Rebhuhn und Feldlerche finden in diesen Strukturen deutlich aufgewertete Lebensräume.

POPULATIONSKONTROLLE MÖGLICH?

Die Feldmaus ist eine der Hauptnahrungsquellen des Rotfuchses. Ihr enormes Reproduktionspotenzial führt zu hohen Populationsdichten, wobei alle drei bis fünf Jahre Massenvermehrungen auftreten. In günstigen Jahren können bis zu 3.000 Feldmäuse pro Hektar gezählt werden. Die höchste jemals dokumentierte Dichte betrug 5.000 Mäuse pro Hektar. Bei einer Dichte von 1.000 Tieren pro Hektar und einem Durchschnittsgewicht von etwa 30 g entspricht dies einer Biomasse von 30 kg pro Hektar. Demgegenüber liegt der Nahrungsbedarf eines Rotfuchses im Mittel bei etwa 400 g pro Tag, was einem Jahresbedarf von rund 150 kg entspricht. Bei einer Reviergröße von bis zu 250 Hektar reduziert sich die aufgenommene Biomasse pro Hektar auf unter 1 kg pro Jahr. Diese Zahlen verdeutlichen, dass der Rotfuchs kaum einen Einfluss auf die Populationsdichte der Feldmaus ausüben kann.

IMMER SO VIEL WIE MÖGLICH?

Im Zusammenhang mit dem Beutegreifereinfluss des Fuchses wird unter Jägern häufig diskutiert, ob eine Fähe ihre Beute nach der Zahl der Jungfüchse bemisst oder ob sie grundsätzlich so viel jagt, wie sie bekommen kann. Umgekehrt stellt sich die Frage, ob die Entnahme einzelner Welpen die Fähe dazu veranlasst, weniger Futter heranzuschaffen. Viele Jäger sind der Ansicht, dass nur die vollständige Entnahme eines Gehecks Wirkung zeigt, da die Eltern andernfalls weiterhin maximal Beute zutragen und der Prädationsdruck unverändert hoch bleibt.

Wissenschaftlich ist diese Frage bislang nicht eindeutig geklärt. Eine interessante Brücke liefert jedoch eine Untersuchung aus England: Dort wurde in „Fuchsrudeln" erforscht, welche erwachsenen Tiere Futter zutrugen und in welchem Umfang. Es zeigte sich, dass sich die meisten – wenn auch nicht alle – erwachsenen Füchse an der Aufzucht beteiligten. Dabei nahm der Beitrag des Einzelnen ab, je größer die Gruppe war. Mit anderen Worten: Je mehr Helfer, desto geringer der Aufwand für den Einzelnen. Ähnliches gilt auch für paarweise lebende Füchse. Untersuchungen zeigen, dass Rüden sehr unterschiedliche „Charaktere" haben. Manche beteiligen sich kaum an der Jungenaufzucht, andere tragen intensiv Futter zu. Je nach Engagement des Rüden passt die Fähe ihren eigenen Aufwand an und kompensiert gegebenenfalls Defizite. Dies deutet darauf hin, dass Altfüchse ihren Einsatz flexibel an die jeweilige Situation anpassen können. Folglich ist es plausibel, dass bereits die Entnahme eines Teils des Gehecks den Beutedruck mindern und so zur Entlastung der Beutetiere beitragen kann.

Während der Aufzucht eines Gehecks muss die Fähe eine Menge Nahrung zutragen.

ÜBER FÜCHSE IM SOMMER

Die warmen Tage sind zurückgekehrt und mit der Sonne scheint auch die Mobilität der jungen Füchse förmlich zu erwachen.

Die Welpen am Fuchsbau sprühen nun vor Energie. Noch vor wenigen Wochen tollten sie tapsig in der Nähe des Baus umher, doch inzwischen haben sie sich sichtbar entwickelt. Ihre Bewegungen sind nun auch deutlich sicherer und zielstrebiger. Neugierig erkunden sie die Umgebung und ihre kleinen Streifzüge führen sie bereits mehrere hundert Meter weit. Schon im Juni umfasst ihr Streifgebiet rund 50 Hektar. Mit zunehmendem Alter weiten sie ihren Aktionsradius weiter aus: Im Alter von etwa sechs Monaten nutzen sie bereits Flächen von bis zu 100 Hektar. Von unseren fiktiven 100 Welpen erreichen jedoch nur rund 65 diesen Zeitpunkt – der Weg zum Erwachsenwerden fordert seinen Tribut.

Es erstaunt mich Jahr für Jahr, wie schnell sie sich entwickeln. Vieles haben die Jungfüchse inzwischen gelernt – auch die ersten Mäuse haben sie bereits eigenständig erbeutet, wenn auch mit noch geringerer Erfolgsquote. Die Bewegungsabläufe beim typischen Maussprung sind zwar angeboren, müssen jedoch im Laufe der Zeit präzise angepasst und verfeinert werden.

Im Verlauf des Sommers werden Jungfüchse immer selbstständiger. Die Aktionsradien werden zunehmend größer.

Die Kontakte unter den Geschwistern nehmen nun merklich ab, die Hierarchien bleiben jedoch bestehen. Auffällig ist, dass die „Prügelknaben" der ersten Lebenswochen häufig auch später noch am Ende der Rangordnung stehen. Verhaltensbiologische Untersuchungen zeigen, dass rangniedere Tiere bei innerartlichen Kontakten deutlich seltener von sozialer Fellpflege profitieren. Oft sind sie weiterhin den Aggressionen ihrer Wurfgeschwister ausgesetzt – ein Umstand, der die Bereitschaft zur späteren Abwanderung erhöht.

WO SCHLAFEN FÜCHSE EIGENTLICH?

Im Sommer zeigen die Welpen noch eine starke Bindung an den Bau und verbringen auch dort die Tage. Doch wie sieht es diesbezüglich bei den Altfüchsen aus? Aufschluss darüber gab wiederum die Telemetriestudie, die nicht nur auch das Verhalten während der Aktivitätsphasen erfasste. Schnell wurde dabei deutlich, dass sie individuell sehr unterschiedlich sind. Während einige Füchse sich mit vier oder fünf regelmäßigen Schlafplätzen begnügten, nutzten andere bis zu zehn. Einige Tiere zeigten kaum Bindung an ihre Baue, nutzten stattdessen eher nahegelegene Verstecke in deren Umgebung – ohne tatsächlich im Bau zu schlafen.
Am Ende der Studie zeigte sich, dass etwa 90 % der genutzten Schlafplätze oberirdisch lagen. Der Rotfuchs verbringt also weit weniger Zeit unterirdisch als oft angenommen. Auch andere Studien bestätigen diesen Befund: Nur 10–20 % der Tagesschlafplätze befanden sich unter der Erde. Eine starke Bindung an den Bau besteht vor allem zur Zeit der Jungenaufzucht. Besonders in den ersten Lebenswochen verlässt die Fähe den Bau kaum. Ab der dritten Lebenswoche unternimmt sie wieder größere Ausflüge, wobei sie zunehmend Abstand zu den immer fordernder werdenden Welpen hält. Häufig konnte ich im Sommer beobachten, wie sich die Fähen etwas abseits vom Bau zur Ruhe legten – so konnten sie die Jungfüchse zwar im Blick behalten, diese blieben aber außerhalb ihrer direkten Reichweite.

Füchse beziehen überwiegend oberirdische Schlafplätze.

DER FUCHS UND SEINE UNTERMIETER

Den Bau selber gräbt der Fuchs nur teilweise allein. Nicht selten bedient er sich der wesentlich besseren Grabkünste des Dachses, mit dem er zum Teil auch den Bau teilt. Und auch Waschbären können sich gelegentlich mit im Bau befinden. Mit dem Kaninchen kann sogar ein vierter Bewohner die unterirdische Behausung beziehen. Früher wurde zudem oft davon berichtet, dass die Brandgans in der Behausung der Räuber anzutreffen sei.

Zumeist haben die Baue eine südliche Exposition. Die Anzahl der Röhren liegt im Normalfall zwischen eins und fünf. Baue können jedoch mehrere Jahrzehnte oder sogar Jahrhunderte alt sein und werden dabei von jeder Generation weiter ausgebaut. Dann können sie zu regelrechten Burgen heranwachsen, die über 50 und mehr Ein- beziehungsweise Ausgänge verfügen. Im Inneren verzweigt sich ein komplexes System aus Kesseln und Tunneln. Bei einer Tiefe von bis zu fünf Metern können solche Anlagen eine Länge von mehreren hundert Metern erreichen. Vorsicht ist bei „einfachen Feldbauen" geboten. Oft entpuppen sie sich als riesige Röhrensysteme, die mehrere Jahrzehnte alt sind. Da diese Baue nach der Ernte immer wieder zugeackert werden, sehen sie unscheinbarer aus, als sie tatsächlich sind.

WETTERBEDINGUNGEN UND FUCHSBAU

Ein weiterer Untersuchungsaspekt betraf die Reaktion der Füchse auf verschiedene Wetterlagen. Besonders auffällig war eine Fähe, die selbst bei starkem Regen – an einem Tag mit etwa zehn Litern Niederschlag pro Quadratmeter – offen im Haferfeld ruhte. Sie zeigte sich generell wenig wetterempfindlich und war fast nie im Bau anzutreffen. Andere Füchse dagegen suchten bei nasskaltem Wetter deutlich häufiger

Die Eingänge von Bauen im Feld werden häufig nach der Ernte zugepflügt. Doch die Füchse schaffen sich in der Regel wieder Zutritt.

den Bau auf – insbesondere Tiere, deren Revier wenig Deckung bot. In diesen Fällen scheint die mangelnde Zahl alternativer Verstecke eine stärkere Bindung an den Bau zu erzwingen. Die oft zitierte Redensart „Sauwetter ist Bauwetter" trifft also nur eingeschränkt zu.

Bemerkenswert war auch, wie häufig Füchse künstliche Strukturen als Schlaf- oder Wurfplatz nutzten. Strohmieten, Kuhställe oder Holzstöße in Gärten gehörten bei siedlungsnahen Füchsen zu den regelmäßig genutzten Rückzugsorten. Ein Rüde etwa schlief wiederholt in einem Holzstapel, obwohl in unmittelbarer Nähe regelmäßig eine Kreissäge betrieben wurde. Eine andere Fähe nutzte sogar über zwei Jahre hinweg einen unterhöhlten Bürocontainer als Wurfbau – obwohl der Container täglich von Menschen genutzt wurde. Eine weitere Fähe hatte sich einen ungewöhnlichen Ruheplatz gesucht: einen umgebrochenen Ast einer Weide. Um dorthin zu gelangen, musste sie ein Stück klettern. Oben angekommen, rollte sie sich auf dem Ast zusammen – ein weiteres beeindruckendes Beispiel für die Flexibilität des Rotfuchses.

Manchen Füchsen machen selbst stärkere Regenschauer nichts aus – sie bleiben außerhalb des Baus.

FÜCHSE TROTZEN JEDEM KLIMA

Der Sommer bringt für die Welpen auch die ersten Erfahrungen mit großer Hitze. Wird es ihnen zu warm, suchen sie Schutz im Bau. Unterschiedliche Temperaturen stellen für den Rotfuchs jedoch kaum ein Problem dar. Auch in dieser Hinsicht erweist er sich als echter Anpassungskünstler: Er kommt mit sehr verschiedenen Klimabedingungen zurecht – von den eisigen Regionen Nordskandinaviens bis zu den heißen Halbwüsten Nordafrikas. Bei noch extremeren Bedingungen sind allerdings Spezialisten gefragt. Einer von ihnen ist der Fennek, auch Wüstenfuchs genannt – ein Meister der Hitzeanpassung.

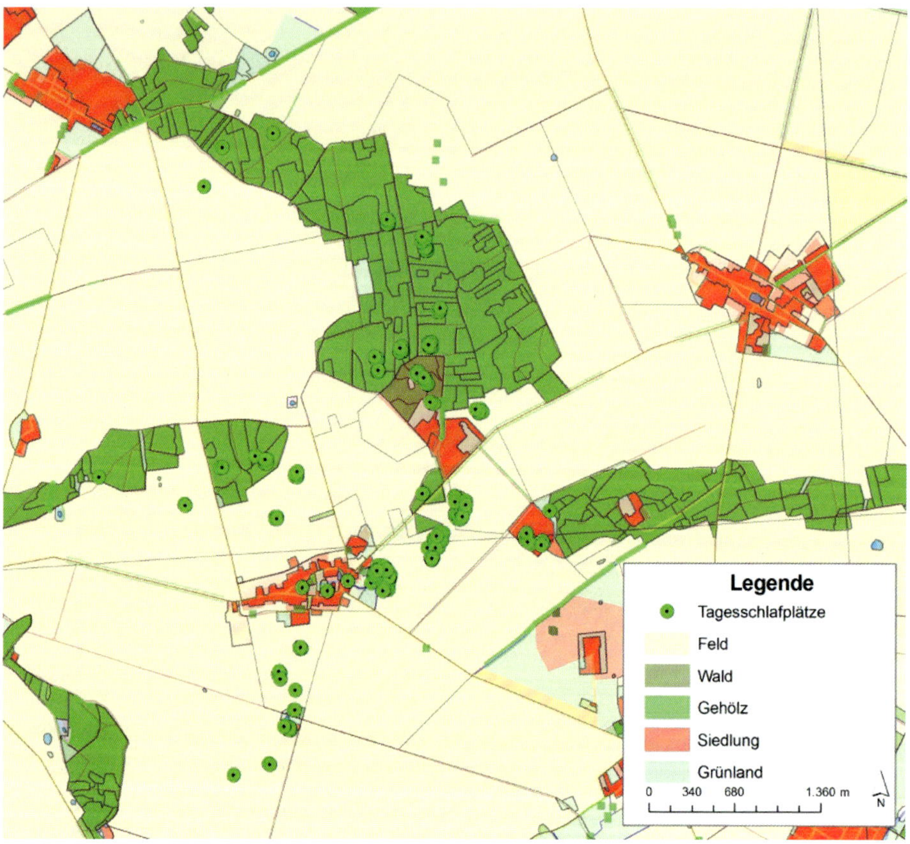

Tagesschlafplätze von sechs Füchsen

Der Fennek ist perfekt an das Leben in Wüstenregionen angepasst.

FUCHSBAUKATASTER

Wer seine Revierkarte pflegt und darin die Wurfbaue verzeichnet, der erlangt schnell einen guten Überblick über die aktuelle Situation. Darüber hinaus kann auf der Grundlage eines Wurfbaukatasters mit vertretbarem Aufwand auch näherungsweise der Fuchsbesatz berechnet werden. Dazu sind ab Mai die potenziellen Wurfbaue zu kontrollieren. Meist stehen dem Fuchs etwa doppelt so viele Standorte zur Verfügung, wie er tatsächlich nutzt. Fraßreste, typischer Fuchsgeruch, Losung der Welpen, Spuren und Lautäußerungen der Welpen sowie niedergewälzte Vegetation in Baunähe sind untrügliche Anzeichen eines Wurfbaus (Stiebling 2000). Ist die Zahl der Wurfbaue ermittelt, muss diese mit dem Faktor 2,5 multipliziert werden, um den Frühjahrsbesatz zu erhalten (Stubbe 1989). Achtung: Trotz aller Sorgfalt muss von etwa 25 Prozent übersehener Baue ausgegangen werden, die in die Berechnung einfließen müssen.

SCHLAF MACHT SCHLAU

Schlaf spielt eine zentrale Rolle im Leben aller Tiere, auch wenn Dauer und Form stark variieren. Delfine etwa schlafen nur mit einer Gehirnhälfte, während die andere aktiv bleibt, und manche Vogelarten können sogar im Flug schlafen. Den Rekord für den kürzesten Schlaf hält die Kurzhalsgiraffe, die mit rund fünf Minuten Tiefschlaf pro Tag auskommt. Grundsätzlich gilt: Räuber schlafen meist länger als ihre Beutetiere. Füchse kommen auf etwa zehn Stunden täglich. Unabhängig von der Länge bleibt Schlaf jedoch für alle Arten unverzichtbar – vollständiger Schlafentzug kann sogar tödlich enden. Während des Schlafs werden Informationen im Gedächtnis verankert, das Immunsystem gestärkt und schädliche Radikale abgebaut. Besonders das Gehirn profitiert von dieser Regeneration. Schlaf ist also weit mehr als bloße Ruhe: Er ist ein aktiver, lebensnotwendiger Prozess für Körper und Geist.

Polarfüchse widerstehen selbst Temperaturen von bis zu –70 °C.

Erst bei Temperaturen um 35 °C beginnt er zu hecheln, bei etwa 38 °C öffnet er den Fang vollständig. In diesem Zustand steigt seine Atemfrequenz von 23 auf beeindruckende 690 Atemzüge pro Minute. Überschreitet die Umgebungstemperatur 38,2 °C, kann der Fennek seine Körpertemperatur gezielt auf bis zu 41 °C anheben. Auf diese Weise reduziert er den Wasserverlust und übersteht selbst extreme Hitze nahezu mühelos.

Ganz anders reagiert er dagegen auf Kälte: Bereits bei Temperaturen unter 20 °C beginnt der Fennek zu frieren – ein deutlicher Gegensatz zum Eisfuchs, der selbst Frostwerte von bis zu –70 °C überstehen kann.

Jungfüchse können über den Sommer bejagt werden, Altfüchse bitte nicht vor dem 1. August!

ELTERNTIERSCHUTZ IST NICHT VERHANDELBAR

Jetzt im Sommer ist auch die Zeit gekommen, um auf den Stoppeln auf Jungfüchse zu jagen. Dabei stellt sich für den Jäger im Hinblick auf den Elterntierschutz natürlich auch die Frage, wie es um die Bejagung der Altfüchse steht. Grundsätzlich übernimmt die Tierethik bei der Jagd eine zentrale Rolle. Denn aus ethischer Sicht ist Jagd nur dann legitim, wenn sie den geltenden Normen und Anforderungen entspricht.

Die erste Säule bildet die **Entkommenschance**: Jagd ist nur dann gerechtfertigt, wenn das bejagte Stück eine reale Möglichkeit hat, dem Jäger zu entkommen.

Die zweite Säule ist die **tierschutzgerechte Tötung**: Der Jäger muss alles daransetzen, die Schmerzen des Tieres so gering wie möglich zu halten oder sie gänzlich zu vermeiden. In diesem Zusammenhang sei ausdrücklich darauf hingewiesen, dass Forderungen nach einer Jagd nach dem Vorbild natürlicher Räuber entschieden zurückzuweisen sind – denn tierische Prädatoren töten nicht tierschutzgerecht.

Die dritte Säule schließlich ist der **Muttertierschutz**. Denn Jagd ist nur dann zu rechtfertigen, wenn Elterntiere, die für die Aufzucht von Jungtieren notwendig sind, unter bedingungslosem Schutz stehen.

RECHTLICHE VORGABEN

Gerade bezüglich unseres Raubwildes herrschen in der Jägerschaft jedoch gewisse Unsicherheiten. Gesetzlich ist es verboten, die für die Aufzucht notwendigen Elterntiere zu bejagen beziehungsweise zu erlegen. Die vorsätzliche Erlegung eines solchen Elterntiers kann mit einer Freiheitsstrafe von bis zu fünf Jahren oder einer Geldstrafe belegt werden. Handelt der Täter fahrlässig, droht eine Freiheitsstrafe von bis zu sechs Monaten oder eine Geldstrafe von bis zu 180 Tagessätzen. Der Gesetzgeber bleibt bei vielen Arten allerdings eine präzise Aussage schuldig, wie lange diese Aufzuchtzeit im Einzelnen andauert. Dies führt zu dem Konflikt, dass Muttertiere teilweise bejagt werden, obwohl sie zu diesem Zeitpunkt noch säugen. Für den Jäger ergibt sich daraus die Konsequenz, dass es im Falle einer Fehlentschei-

Füchse sind wahre Kletterkünstler. Teilweise werden Gehecke in erhöhten Verstecken aufgezogen.

GEWANDTE KLETTERER

Obwohl Füchse zu den Hunden gehören, sind sie relativ gute Kletterer. Sie sind wie Katzen sogar in der Lage, ihre Krallen etwas auszufahren. Englische Kollegen berichteten mir einmal von einer Fähe, die ihre Welpen auf einer Salweide aufzog, die zu diesem Zweck ständig hinauf- und hinuntergeklettert werden musste. Ähnlich interessant ist die Beobachtung einer Fähe, die durch eine Katzenklappe in ein Haus eindrang und dort ihre Welpen zur Welt brachte.

Wie lange die Elterntiere benötigt werden, hängt vom Geburtszeitpunkt der Welpen ab.

Der Muttertierschutz der Fähe endet nicht mit dem Ende des Säugens der Welpen.

dung rechtliche Folgen nach sich ziehen kann. So wurden in der Vergangenheit Jäger rechtskräftig verurteilt, weil sie Elterntiere (trotz Jagdzeit) entnahmen, deren Jungtiere zum Zeitpunkt der Erlegung nach Auffassung des Gerichts in nicht ausreichendem Maß selbstständig waren. Da sich bezüglich der Selbstständigkeit der Jungtiere artenabhängige Unterschiede finden lassen, müssen die Anforderungen von Wildart zu Wildart beurteilt werden.

Frühreifer Fuchs

Der Rotfuchs hat in den meisten Bundesländern eine ganzjährige Jagdzeit. Gleichzeitig sollen zur Aufzucht von Jungtieren notwendige Elterntiere aber nicht erlegt werden. Insbesondere wenig erfahrene Jäger können dabei zu folgenschweren Fehleinschätzungen kommen. Auch ich habe in meiner Jagdausbildung gelernt, dass ein Altfuchs ab Juni erlegt werden kann. Dies ist jedoch falsch. Denn kommt ein Geheck erst in der zweiten Aprilhälfte zur Welt, werden die Jungfüchse noch bis in den Juni gesäugt. Zudem gilt für Jungfüchse trotz ihrer schnellen Entwicklung, dass sie auch noch einige Zeit über die Säugeperiode hinaus auf ihre Eltern angewiesen sind. Nur weil ein Jungfuchs in dieser Zeit allein unterwegs ist, darf dies nicht grundsätzlich als Zeichen seiner Selbstständigkeit interpretiert werden.

Berücksichtigen sie bei Ihren Abschussentscheidungen im Hinblick auf den Muttertierschutz die gesamte notwendige Aufzuchtzeit. Hier muss neben der Phase, in der ein Überleben unmöglich ist, auch die Zeit berücksichtigt werden, in der noch wichtige Erfahrungen von den Elterntieren übernommen werden. Insbesondere durch soziales Lernen werden dann noch wichtige Verhaltensweisen erlernt, auch wenn keine direkte Milchabhängigkeit mehr besteht. Werden Elterntiere dennoch erlegt, kann dies nicht nur für den zurückgebliebenen Nachwuchs Konsequenzen nach sich ziehen. Ein solcher Abschuss kann nämlich auch als Verstoß gegen die Grundsätze der Weidgerechtigkeit gewertet werden, mit entsprechenden rechtlichen Folgen.

Losgelöst etwaiger rechtlicher Konsequenzen, stellt der Elterntierschutz eine unverrückbare Säule unserer jagdethischen Grundsätze und Verantwortung dar. Jäger waren die ersten Menschen, die Tiere als Mitgeschöpfe aufgefasst haben.

Gelegentlich heben auch Fähen das Bein. Ein Rüde kann so nicht sicher erkannt werden.

Mit der „Weidgerechtigkeit“ existiert daher seit jeher ein Verhaltenskodex, der den Schutz des Tieres in den Vordergrund stellt. Sie ist demnach gewissermaßen als ein erstes Tierschutzgesetz aufzufassen. Diesen dürfen wir auch in Zeiten erhöhter Anforderungen an Jagd und Jäger nicht aus den Augen verlieren. Doch ab wann können Altfüchse nun mit gutem Gewissen bejagt werden? Aus wildbiologischer Sicht wäre es sinnvoll, sich den 1. August als Stichtag für die Bejagung adulter Füchse aufzuerlegen. Bis dahin sollten ausschließlich Jungfüchse gejagt werden.

AUCH DIE FÄHE HEBT DAS BEIN

Unabhängig von der Unterstützung der Fähe bei der Jungenaufzucht ist die Jagd auf den Fuchsrüden auch deshalb kritisch zu sehen, weil die Verwechslungsgefahr beider Geschlechter relativ hoch ist. Besonders die Tatsache, dass auch Fähen gelegentlich das Bein heben, kann schnell zu Verwechslungen führen. Beim Marderhund und Dachs beteiligt sich der Rüde übrigens ebenfalls an der Welpenaufzucht. Dagegen ist beim Waschbär die Fähe allein für die Jungenaufzucht verantwortlich.

VÄTERLICHE FÜRSORGE

Bis heute wird in Jägerkreisen sehr intensiv darüber diskutiert, ob sich beim Fuchs der Rüde an der Aufzucht beteiligt. In der Vergangenheit wurde der Bedeutung des Rüden in diesem Zusammenhang nicht ausreichend Rechnung getragen, weil man annahm, dass er sich nicht an der Versorgung der neuen Fuchsgeneration beteiligen würde. Teilweise wird aus diesem Grund bis heute lediglich die Fähe unter Schutz gestellt. Ausdrücklich sei an dieser Stelle darauf hingewiesen, dass verschiedene wissenschaftliche Untersuchungen die Mithilfe des Rüden zweifelsfrei belegen. Natürlich hat die Fähe eine größere Bedeutung bei der Aufzucht der Welpen, aber sicher ist auch, dass die Jungfüchse sich schlechter entwickeln und ein erhöhtes Sterberisiko aufweisen, wenn der Rüde fehlt. Die elterlichen Dienste des Rüden gehen sogar soweit, dass er sich im Falle des Verlustes der Fähe allein um die Welpen kümmert. Je nachdem, wie groß die Jungfüchse zu diesem Zeitpunkt sind, wird es ihm auch gelingen, den Wurf durchzubringen.

EIN ECHTER WELTBÜRGER

Wenn man in unseren Breiten von einem Fuchs spricht, ist gemeinhin vom Rotfuchs die Rede. Dieser genauen Bezeichnung bedarf es jedoch nicht, da bei uns bekanntlich keine weiteren Füchse vorkommen. Global gesehen sieht die Sache jedoch ganz anders aus. Nach heutigem Stand der Wissenschaft werden weltweit insgesamt zwölf Arten zu den *Vulpini*, also den Echten Füchsen, gerechnet. Darüber hinaus tragen viele weitere Spezies die Bezeichnung „Fuchs" in ihrem Namen, die mit den eigentlichen Füchsen allerdings weniger zu tun haben. Ein solches Beispiel ist der Andenfuchs – eine in Südamerika beheimatete Spezies, die optisch durchaus gewisse Ähnlichkeit mit unserem Rotfuchs aufweist, mit ihm jedoch nicht näher verwandt ist. Was sie jedoch eint, ist ein identischer evolutiver Ursprung. Denn beide Arten gehen auf den Stammvater aller Hundeartigen zurück, der vor etwa 35 Millionen Jahren lebte.

Der Andenfuchs ähnelt zwar optisch und auch vom Namen her dem Rotfuchs, ist mit diesem jedoch nicht näher verwandt.

Die Bindung an Baue kann so gering sein, dass einige Fähen ihre Welpen sogar über Tage zur Welt bringen.

Es kommt hin und wieder vor, dass Fähen ihre Welpen oberirdisch zur Welt bringen.

Der Rotfuchs entwickelte sich vor etwa fünf Millionen Jahren, also in einer Zeit, in der an uns Menschen noch nicht zu denken war. Insbesondere wegen seiner enormen ökologischen Anpassungsfähigkeit fasziniert diese Art bis heute nicht nur Wildbiologen und Jäger. Kein anderes Säugetier kommt mit so verschiedenartigen Lebensräumen und Bedingungen zurecht wie der Fuchs. Er behauptet sich in den Halbwüsten Nordafrikas genauso wie in den Polarregionen des hohen Nordens. Er ist aber auch gleichermaßen in der Lage, sich in ausgeräumten Steppenlandschaften oder den Zentren von Großstadtmetropolen zurechtzufinden.

DIE AFRIKANISCHEN FUCHSARTEN

Der engste Verwandte unseres Rotfuchses ist der Rüppelfuchs – eine in Nordafrika vorkommende Art, die mit etwa 1,5–2 kg kaum ein Drittel seines Körpergewichts erreicht. Zusammen mit dem Wüstenfuchs (Fennek) gehört er damit zu den eher kleinen Spezies innerhalb der Echten Füchse. Beiden gemein sind die auffällig großen Ohren und eine insgesamt große Körperoberfläche im Verhältnis zum Gewicht. Beide Eigenschaften sind ideal dazu geeignet, Wärme abzuführen. Funktionen, über die auch die beiden weiteren in Afrika vorkommenden Fuchsarten verfügen: der Blassfuchs und der Kapfuchs.

Alle Fuchsarten Afrikas werden in ihren jeweiligen Vorkommensbereichen auch bejagt. Bemerkenswert in diesem Zusammenhang ist, dass der Fennek nicht nur wegen seines Balgs eine attraktive Beute darstellt. Denn in einigen Ländern wird der Wüstenfuchs auch verzehrt. Sein Fleisch wird nach islamischem Recht als halal (erlaubt) eingeschätzt. Zum Teil erfolgt die Nutzung auch in der Form, dass Gehecke gefangen werden, um sie anschließend aufzuziehen und später zu schlachten.

Warum Füchse in den meisten anderen Ländern nicht auf der Speisekarte gelandet sind, hat einen einfachen Grund: Die Ursache liegt schlicht in der Art ihrer Verdauung. Während die Nahrung bei Pflan-

Der Rüppelfuchs ist mit dem Rotfuchs nah verwandt. Mit höchstens 2 kg Körpergewicht gehört er zu den kleinen Fuchsarten.

Der Tibetfuchs kommt selbst in großen Höhenlagen gut zurecht.

Der in Nordamerika beheimatete Swiftfuchs ist etwa halb so groß wie der Rotfuchs.

zenfressern eher vergoren wird, handelt es sich bei Fleisch- und Allesfressern um Fäulnisprozesse. Dies ist eng an eine entsprechende Bakterienfauna gekoppelt. Bei Fleischfressern sind Mikroorganismen am Werk, die dabei stark riechende Schwefelverbindungen produzieren. Dies schlägt sich auch entsprechend in ihrem Fleisch nieder, was zu einem eher unangenehmen Geschmack führt.

ASIEN: LEBEN BIS IN HÖCHSTE HÖHEN

Der kleinste Fuchs der Welt ist der sogenannte Afghanfuchs. Mit einem Gewicht von 0,8 bis 1,5 kg ist er noch kleiner als der Fennek, mit dem er sehr eng verwandt ist. Namensgebend ist sein Verbreitungsgebiet Afghanistan und angrenzende Regionen. Unter den asiatischen Arten findet sich auch der Höhenspezialist unter den Füchsen. Es handelt sich dabei um den Tibetfuchs, der auf Höhen von bis zu 5.200 Metern vorkommen kann. Im angrenzenden Indien ist der Bengalfuchs sehr weitverbeitet. Weiter nach Norden hat der Steppenfuchs seine Heimat. Die Jagd auf ihn findet mithilfe von Fallen statt, er wird aber auch erlegt. Eine Hauptursache für den Tod von Füchsen auf der Welt ist jedoch nach wie vor die Tollwut. Insbesondere in Asien, aber auch in Afrika ist sie bis heute großräumig verbreitet. Vor diesem Hintergrund verwundert es wenig, dass ihr bis heute auch Menschen zum Opfer fallen. Nach Angaben des Robert Koch-Instituts sterben weltweit pro Jahr immer noch etwa 60.000 Menschen daran.

DIE NORDAMERIKANER: IN WÜSTE UND PRÄRIE

Unter den Echten Füchsen finden sich auch zwei Vertreter, deren Heimat Nordamerika ist. Es handelt sich dabei um den Kit- und den Swiftfuchs. Die Nähe der beiden zueinander ist so groß, dass man lange Zeit annahm, dass es sich um eine Art handelt. Genetische Untersuchungen bestätigten dann aber, dass es sich tatsächlich um zwei verschiedene Arten handelt. Beide sind den mittelgroßen Füchsen zuzuordnen. Mit einem Körpergewicht von 2 bis 3 kg sind sie in etwa halb so groß wie ein Rotfuchs.
Die beiden Nordamerikaner wurden früher wegen ihres Fells stark bejagt. In Kanada wurde der Kitfuchs zeitweilig sogar ausgerottet. In Nordamerika hat die Fallenjagd

In Nordamerika und Kanada wird bis heute Raubwild teils sehr intensiv mit Fallen wegen der Bälge bejagt.

Ein englischer Rekordfuchs brachte es auf unglaubliche 11,9 kg. Im Allgemeinen haben Rotfüchse ein Gewicht von 5–7 kg.

bis heute große Tradition. Dabei werden von den einzelnen Trappern pro Saison mehrere Hundert Füchse gefangen. Rekordstrecken von über 1.000 Füchsen pro Saison sind nachweislich dokumentiert. Bei ihrer Beute handelt es sich jedoch weitgehend um Rotfüchse, die dort ebenfalls weitverbreitet sind. Anzumerken ist, dass die Jagd für viele dieser Jäger dort als Beruf verstanden wird und demnach auch der Existenzsicherung gilt.

DER POLARFUCHS: EIN SPEZIALIST FÜR KÄLTE

Der Fuchs des ewigen Eises ist der Polarfuchs, auch Schnee- oder Eisfuchs genannt. Aufgrund der ausgeräumten Landschaften, in denen er lebt, hat er riesige Streifgebiete. Kein anderer Fuchs hat so enorm große Reviere, die mehrere Tausend Hektar groß sind. Diese dürfen dabei streng genommen nicht als Revier bezeichnet werden. Denn eine richtige Territorialität existiert bei ihnen nicht, da die Streifgebiete nicht ökonomisch verteidigt werden können. Die Verbreitung

ALS SICH HUNDE UND KATZEN AUFSPALTETEN

Als die gemeinsamen Vorfahren unserer heutigen Hunde- und Katzenartigen von den Bäumen stiegen, begann ein umfassender Prozess der Spezialisierung und Artbildung. Der Urhund war *Hesperocyon* und tauchte vor 35 Millionen Jahren auf. Wie alle unserer heutigen Hunde war seine Schädelgeometrie dadurch gekennzeichnet, dass er im Gegensatz zu den frühen Katzenvertretern eher ein Sammler als ein Jäger war. Vor fünf Millionen Jahren begannen sich Wolf- und Fuchsartige aufzuspalten. Marderhund und Graufuchs sind die einzigen beiden Vertreter, die schon vor dieser Aufspaltung existierten und dies bis heute tun.

Der Polarfuchs (hier im Sommerfell) nutzt im natürlichen Verbreitungsgebiet riesige Streifgebiete.

Graufüchse entwickelten sich bereits vor mehreren Millionen von Jahren. Die Art existiert bis heute.

des Polarfuchses wird nach Süden in hohem Maße durch die Konkurrenz mit dem Rotfuchs reguliert. In sich überschneidenden Vorkommensbereichen ist Letztgenannter durchsetzungsstärker. Ein Beleg dafür liefert ein kleines Beispiel. Anfang des vergangenen Jahrhunderts setzte man Rotfüchse zur Rauchwerkgewinnung auf verschiedenen Inseln aus. Auf einer Aleuteninsel tötete ein einziger Rotfuchs nachweislich alle ansässigen Polarfüchse. Die Füchse bilden mit ihrer extremen Anpassungsfähigkeit – auch an uns Menschen – eine Artgruppe, mit der sich die nähere Beschäftigung immer lohnt.

NATÜRLICHE ARTBILDUNG

Graufüchse sind grundsätzlich etwa so groß wie Rotfüchse. Auf den kalifornischen Channel Islands verhält es sich jedoch anders: Denn im Laufe der Zeit haben sich die dort lebenden Graufüchse deutlich verändert und wiegen heute mit 1,3–2,8 kg weniger als die Hälfte ihrer Verwandten auf dem Festland. Durch Fossilbelege und molekularbiologische Untersuchungen hat man festgestellt, dass die Besiedlung vor etwa 16.500 Jahren begann. Mittlerweile ist der genetische Unterschied zwischen den Inselfüchsen und denen des Festlandes so groß wie zwischen Wolf und Kojote.

DOMESTIKATION IM ZEITRAFFER

Der Fuchs ist nicht nur für seine bemerkenswerte Fähigkeit bekannt, sich an extreme Lebensräume anzupassen. Seit jeher übt diese Art eine besondere Faszination auf den Menschen aus. Die Beziehung zu ihm ist dabei vielschichtig und spiegelt sich in einem gewissen inneren Konflikt wider. Denn einerseits wurde diese Art für seine Intelligenz bewundert, andererseits aber auch schonungslos verfolgt.
Wie tief diese Mensch-Fuchs-Verbindung reicht, zeigt sich auch darin, dass der Fuchs in zahlreiche kulturelle Sphären eingetreten ist, die weit über biologische Betrachtungen hinausgehen. Es ist daher kaum

verwunderlich, dass er nicht nur in wissenschaftlichen Studien, sondern auch in Mythen, Geschichten und literarischen Werken eine besondere Rolle spielt. Ein anschauliches Beispiel dafür ist die Erzählung des „Kleinen Prinzen" von Antoine de Saint-Exupéry, in der der Fuchs zum Prinzen sagt: „Wenn du mein Freund sein willst, musst du mich zähmen." Diese Worte stehen auch für die ambivalente Haltung des Menschen gegenüber dem Fuchs – zwischen Anziehung und Ablehnung, Nähe und Distanz.
Tatsächlich machte sich der Mensch in seiner Geschichte zahlreiche Tiere zum „Freund". Die Domestikation von Schaf, Rind und Schwein begann vor etwa 10.000 Jahren, also zu einer Zeit, als der Mensch sesshaft wurde. Doch ein anderes Tier begleitete den Menschen schon viel früher auf seinem Weg: der Wolf. Die Domestikation des Wolfes zum Hund dürfte bereits vor rund 30.000 Jahren stattgefunden haben, was ihn zu einem der ersten domestizierten Tiere macht.

Die Wissenschaft beschäftigt sich bis heute intensiv mit dem Phänomen der Domestikation, und viele verschiedene Untersuchungen versuchen, das Thema aus unterschiedlichen Perspektiven zu beleuchten. Ein besonders bemerkenswertes Experiment, das bis heute einzigartig ist, wurde in den 1950-er Jahren in Nowosibirsk, Sibirien, gestartet. Hier wurde ein Langzeitexperiment ins Leben gerufen, das das Ziel verfolgt, aus wilden Füchsen zahme Haustiere zu machen.

WARUM FÜCHSE?

Dass die Wahl auf den Rotfuchs fiel, ist wohl kein Zufall. Grundsätzlich verfügen Hundeartige über hohe soziale Fähigkeiten, die in einem solchen Versuch hilfreich sein können. Und auch wenn der Fuchs auf den ersten Blick kein Rudeltier ist, ist er doch zur sozialen Organisation imstande. Diese Fähigkeit stellt er insbesondere in Städten unter Beweis. Stadtfüchse dokumentieren zudem, dass sie über ein hohes Potenzial verfügen, mit dem Faktor Mensch dauerhaft

Der Weg vom Wolf zum Hund dürfte bereits vor rund 30.000 Jahren begonnen haben.

Stadtfüchse belegen, dass wild lebende Rotröcke mit der Nähe zu Menschen gut klarkommen.

Gesunde sowie wilde Füchse reagieren in der Regel nie aggressiv gegenüber dem Menschen.

In einem Langzeitexperiment wurden gezielt Füche gezüchtet, die zahm gegenüber dem Menschen sind.

gut klarzukommen. Aber auch aus anderen Tatsachen leitet sich die grundsätzliche Eignung von Füchsen ab. Denn der mit den Rotfüchsen sehr eng verwandte Wüstenfuchs, wird in seinen Vorkommensbereichen regelmäßig gefangen und gehalten, um ihn später zu schlachten. Mittlerweile werden Wüstenfüchse u. a. in die USA exportiert und dort als Haustiere gehalten. Auch ich selber erlebte in der Vergangenheit regelmäßig, dass Menschen wilde Rotfüchse zu Hause aufzogen.

ERSTAUNLICHE ERFOLGE

Zurück zum sibirischen Versuch, der vor mehr als 60 Jahren mit 130 Füchsen begann. Die wissenschaftliche Arbeit auf der Farm darf zunächst als problematisch bezeichnet werden, da genetische Experimente nicht in die Sowjet-Ideologie passten. Allen Widerständen zum Trotz wurden die ersten Fuchsgenerationen geboren und umfassenden verhaltensbiologischen Tests unterzogen. Danach wurden die Tiere Gruppen zugeordnet und mit den jeweils zutraulichsten Exemplaren weitergezüchtet. Anfangs waren die Erfolge spärlich. Die Füchse blieben dem Menschen gegenüber aggressiv.
Im Jahr 1963 gelang dann der erste große Schritt. Denn ein Rüde mit dem Namen Ember, war der erste in der Geschichte, der in der Lage war, mit dem Schwanz zu wedeln. Bis zu diesem Zeitpunkt waren Hunde die einzigen Lebewesen, die diese Eigenschaft besaßen. Zu diesem Zeitpunkt blieb der Anteil zahmer Welpen pro Generation jedoch gering. Nach der zehnten Generation traten erstmals helle Flecken im Fell und Hängeohren auf. Ab der 15. Generation stellte man zudem auch Veränderungen am Skelett fest. Denn die Extremitäten und Lunten der Versuchstiere verkürzten sich. Auch die Schädel begannen sich in dieser Zeit zu verändern. Sie wurden breiter und verkürzten sich.
Nach weiteren fünf Generation kam es auch zu Abweichungen bezüglich der Fortpflanzungsbiologie. Denn die bis dahin zeitlich fixierte Ranzzeit verliert sich seither. Vielmehr folgen die Füchse seither einem individuellen Rhythmus.
Der Anteil als zahm eingeschätzter Füchse stieg mit der 20. Generation auf über ein Drittel. Ab der 30. Generation machten sie etwa die Hälfte aus. Heute werden deutlich über drei Viertel der Tiere als weitgehend zahm geboren. Das Erstaunliche dabei ist, dass sich all diese Eigenschaften innerhalb kürzester Zeit allein aufgrund züchterischer Selektion hervorbringen ließen. Denn die

Mittels Genanalysen lassen sich Aussagen bzgl. Verwandtschaften von Arten treffen.

Tiere selber werden so gehalten, dass sie kaum Kontakt zum Menschen haben. Umso bemerkenswerter ist deshalb auch, dass sie in der Lage sind, die Zeigegeste des Menschen zu verstehen. Eine Fähigkeit, über die nur sehr wenige Arten überhaupt verfügen.

VON WILD ZU ZAHM

Um Erklärungen für die gravierenden Veränderungen zu finden, wurden verschiedene Untersuchungen durchgeführt. Selbstverständlich wurden die Füchse umfassend genetisch analysiert. Dabei fand man heraus, dass 103 Gene gegenüber ihren wilden Verwandten verändert sind. Dies ist aber nur ein Teil der Erklärung. Denn die Tatsache, dass bestimmte Eigenschaften wie Schlappohren, Fell- und Schädelveränderungen übereinstimmend auch bei anderen domestizierten Arten vorkommen, ließ schon früh die Vermutung aufkommen, dass dies nicht zufällig geschieht.

SCHÄDELVERÄNDERUNGEN

Bei Untersuchungen an Stadtfüchsen stellte sich jüngst heraus, dass mit der Isolierung und dem Leben in der Stadt gewisse anatomische Veränderungen der Tiere einhergehen. So konnte durch britische Kollegen nachgewiesen werden, dass die Schädel von Stadtfüchsen breiter wurden. Zugleich sind die Fänge kleiner geworden. Die Anpassungen werden dahingehend gedeutet, dass der Mäusespezialist in der Stadt nicht mehr oder in nur geringem Maße auf Mäuse zurückgreift.

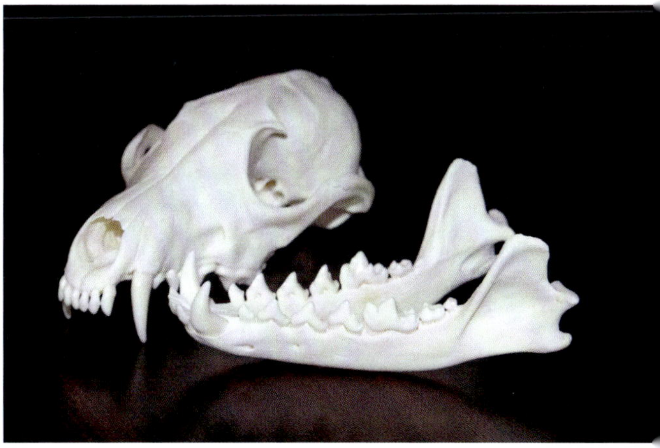

Bei Stadtfüchsen wurde festgestellt, dass sich deren Schädel im Laufe der Zeit veränderten.

Durch die Aufzucht von Wolfswelpen in menschlicher Obhut kann es zur Domestikation gekommen sein.

DOMESTIKATION HUND

Es bestehen verschiedene Erklärungsansätze, wie die Domestikationsprozesse des Wolfes abgelaufen sein könnten. Einer geht davon aus, dass der Wolf durch Nahrungsreste frühmenschlicher Lagerstätten angelockt und auf diese Weise ein „erster Kontakt" hergestellt wurde. Ein anderer Ansatz geht davon aus, dass der Beginn der Domestikation über handaufgezogene Wolfswelpen stattfand. Danach hat der Mensch vermutlich selektiv die zahmsten Exemplare zur Weiterzucht ausgewählt. Es darf dabei davon ausgegangen werden, dass dieser Prozess multizentrisch, also mehrfach, in Europa und Asien stattgefunden hat. Erstaunlicherweise sollen die „Wolfshunde" für einen bedeutenden Zeitraum der Domestikation auch noch sehr wolfsartig ausgesehen haben. Eine verstärkte Selektion auf bestimmte körperliche und funktionelle Aspekte hin, fand erst ist in den vergangenen 500 Jahren statt. Auf diese Zeit entfällt auch die Entstehung zahlreicher neuer Rassen. Heute existieren nach VDH (Verband für das Deutsche Hundewesen) 346 anerkannte Hunderassen.

Ein Grund findet sich offenbar in der Embryogenese. Denn die selektive Wahl weniger aggressiver Tiere steht in Zusammenhang mit einer verringerten Stressreaktion auf den Menschen. Diese Stressreaktion wiederum wird durch verschiedene Zellstrukturen ausgelöst, deren embryonaler Ursprung in der sogenannten Neuralleiste zu finden ist. Mit der Selektion hat man Tiere begünstigt, die eine reduzierte Zahl dieser speziellen Zellen in der Neuralleiste aufweisen. Was sich damit aber auch verbindet, ist, dass diese Bereiche u. a. auch für die Knorpel- und Knochenbildung und das Fell verantwortlich sind. Diese erfahren, obwohl nicht unbedingt gewollt, demnach also passiv auch eine Veränderung. Ein weiterer Erklärungsansatz wird in der Epigenetik gesehen. Dabei wird die Erbsubstanz selber nicht verändert, sondern Gene werden stärker oder weniger stark als normal abgelesen und die genetische Information umgesetzt. Dies bietet anders als Mutation und Rekombination die Möglichkeit, sehr schnell auf bestimmte Umweltveränderungen zu reagieren.

Das in Asien beheimatete Bankivahuhn ist die wild lebende Urform des Haushuhns.

ERKENNTNISGEWINN MIT SCHATTENSEITEN

Das russische Domestikationsexperiment hat maßgeblich zum Verständnis der Prozesse beigetragen, die der Zähmung und Haustierwerdung von Wildtieren zugrunde liegen. Es zeigte eindrucksvoll, wie schnell solche Entwicklungen verlaufen können. Inzwischen ist der Domestikationsprozess so weit fortgeschritten, dass zahme Füchse sowohl im In- als auch im Ausland als Haustiere verkauft werden – teilweise zu Preisen von bis zu 4.000 Euro.

Was aus biologischer Sicht zweifellos viele neue Erkenntnisse geliefert hat, wirft jedoch aus wildtierethischer Perspektive berechtigte Fragen auf. Die Haltungsbedingungen der Tiere können nicht als artgerecht bezeichnet werden. In diesem Zusammenhang sei auch betont, dass die private Aufzucht von Wildtieren in den allermeisten Fällen kaum geeignet ist, den natürlichen Ansprüchen dieser Tiere gerecht zu werden.

WILDFORM	HAUSTIERFORM	ZEITRAUM (JAHRE)
Armenisches Muffel (vermutlich)	Schaf	11.000
Wildschwein	Schwein	11.000
Auerochse	Rind	10.000
Bankivahuhn	Huhn	8.000
Graugans	Gans	5.000
Stockente	Ente	3.000
Wildkaninchen	Kaninchen	500

ÜBER FÜCHSE IM HERBST

Der Herbst hat die Farben des Waldes verändert, und auch die Tiere spüren den nahenden Wandel. Langsam zieht die kühle Jahreszeit über die Landschaft und kündigt eine Zeit des Übergangs an.

Zwischen den einst vertrauten Wurfgeschwistern hat sich eine spürbare Distanz eingestellt. Die Jungfüchse haben nun beinahe die Größe ihrer Eltern erreicht. Der Zeitpunkt des Abwanderns ist gekommen. Die Abwanderung ist ein natürlicher Prozess, der stark von der Nahrungsverfügbarkeit im Lebensraum abhängt. Je geringer diese ist, desto größer wird der Druck der adulten Füchse, ihre Nachkommen zum Verlassen des elterlichen Reviers zu drängen. In Gebieten mit reichlich Nahrung werden die Jungtiere länger geduldet. Im Offenland jedoch, fernab urbaner Gebiete, müssen fast alle heranwachsenden Füchse ihre Heimat verlassen, um ihre eigenen Reviere zu finden. Der Abwanderungsprozess selbst verläuft dabei sehr unterschiedlich, je nach Individuum. In Bezug auf das Dispersionsverhalten, wie es biologisch genannt wird, lassen sich eine Vielzahl von Typen unterscheiden. Einige Füchse brechen ohne Vorwarnung auf, ohne jemals zurückzukehren. Andere besetzen zunächst ein kleines Territorium nahe dem elterlichen Revier und erweitern es dann allmählich. Wieder andere pendeln zwischen verschiedenen Gebieten, kehren jedoch regelmäßig zurück, bevor

Im Herbst beginnt das Abwandern der erwachsen werdenden Jungfüchse.

sie endgültig aufbrechen. Diese Übergangszeit dauert in der Regel etwa einen Monat, kann jedoch je nach Fuchs stark variieren – von nur wenigen Tagen bis hin zu über drei Monaten (Gosselink et al. 2010). Der Prozess der Abwanderung beginnt bereits im August und kann bis in den Dezember andauern. In dieser Zeit sind häufig stärkere Aggressionen und Auseinandersetzungen innerhalb der Familie zu beobachten.

GRÜNDE FÜR DIE ABWANDERUNG

Die Gründe für das Abwandern sind komplex. Zum einen dient die Abwanderung der Vermeidung von Inzucht, da durch den Abzug eines Geschlechts die Wahrscheinlichkeit verringert wird, sich mit engen Verwandten zu paaren. Doch auch der Konkurrenzdruck um Ressourcen spielt eine zentrale Rolle. Ein eigenes Revier zu besetzen, sichert nicht nur Zugang zu Nahrung, sondern auch zu Fortpflanzungspartnern. Die hohe Mortalität der Füchse in den ersten beiden Lebensjahren – nur etwa 20 % überleben diese Zeit – bedeutet, dass die Wahrscheinlichkeit, sich mehrfach zu reproduzieren, gering ist. Daraus resultiert ein hoher Druck, schnell ein eigenes Territorium zu etablieren. Je niedriger die Dichte der Füchse im Lebensraum, desto weiter ist die Entfernung, die für die Abwanderung zurückgelegt werden muss. Dabei spielt die Ressourcenausstattung des jeweiligen Gebiets eine entscheidende Rolle: In nahrungsreichen Gebieten, wie dem Süden Skandinaviens, sind die Abwanderungsdistanzen deutlich kürzer als im kargen Norden.

DISTANZEN & FAKTOREN

Wie weit Füchse wandern, ist im Wesentlichen von zwei Faktoren abhängig: deren Sterblichkeit und der Territoriumsgröße. Ist Erstere hoch, führt dies meist zu geringen Abwanderungsentfernungen. Und je größer das Territorium ist, desto größer ist auch die Abwanderungsdistanz. Rüden wandern Entfernungen, die dem vier- bis sechsfachen Durchmesser eines durchschnittlichen Territoriums entsprechen (Macdonald 1990).

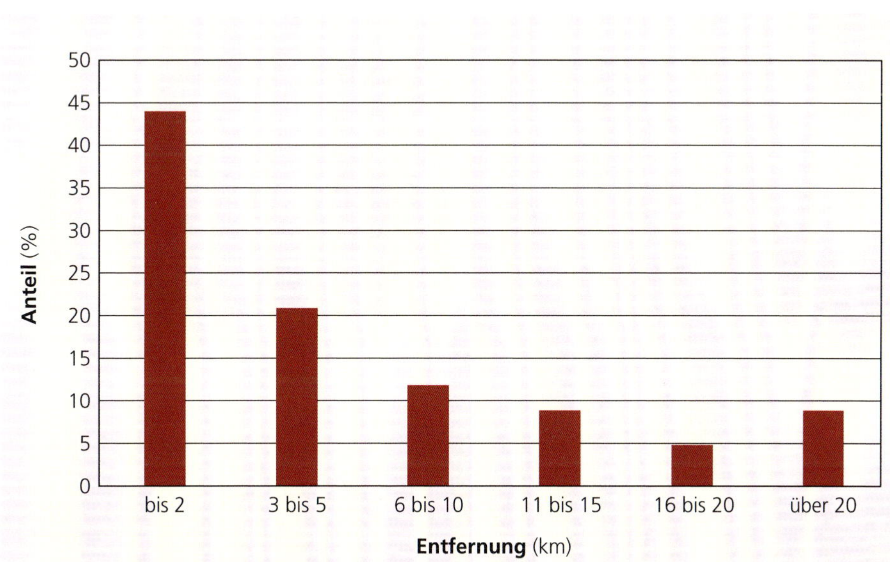

Abwanderungsdistanzen (nach Goretzki et al.)

In knapp 80 Tagen legte ein besenderter Polarfuchs rund 3.500 Kilometer zurück.

So haben Füchse aus Städten üblicherweise eher kleine Territorien (unter 50 Hektar). Deren Wanderdistanzen liegen entsprechend bei durchschnittlich nur drei Kilometern. In kargen ausgeräumten Landschaften, mit 1.000 Hektar großen Territorien, wandern sie dafür 30 Kilometer und mehr. Besonders deutlich wird dieses Phänomen bei Füchsen, die an der Grenze zwischen zwei Habitattypen mit unterschiedlichen Kapazitäten leben. Während diejenigen Welpen, die in den nahrungsreicheren Bereich abwandern, eher kurze Distanzen überbrücken, gehen die in den nahrungsarmen Teil abwandernden eher lange Wege. Etwa zwei Drittel der Rotröcke entfernen sich nicht weiter als fünf Kilometer von ihrem Geburtsort. Rüden zeigen dabei die größere Laufbereitschaft. Sie wandern nicht nur weiter, sondern auch früher ab. Doch auch Fähen können beachtliche Distanzen überwinden. Eine solche konnte anhand eines senderüberwachten Stückes dokumentiert werden. Diese Fähe zog es im Dezember aus dem elterlichen Gebiet weg. Sie unternahm innerhalb von fünf Tagen eine insgesamt 120 Kilometer lange Wanderung. Ihr Revier gefunden hat sie letztlich zwölf Kilometer von ihrem Geburtsort entfernt (Fiderer 2018). Die größte jemals dokumentierte Fuchswanderung unternahm übrigens ein Rüde, der unglaubliche 478 Kilometer zog (Gosselink et al. 2010).

WANDERKÖNIG

Ein im Jahr 2018 besenderter Polarfuchs stellte sich als wahrer Wanderkönig heraus. Der zu diesem Zeitpunkt einjährige Fuchs wurde an der Ostküste Spitzbergens besendert und wanderte 1.500 km in Richtung Grönland. Etwa zwei Monate später wurde er auf Ellesmere Island (Kanada) geortet. Der Wanderfuchs hatte damit innerhalb von nur 76 Tagen etwa 3.500 km zurückgelegt. Dies entspricht einer durchschnittlichen Tageswegstrecke von 46 Kilometern. Zum Vergleich wandert der Großteil der Rotfüchse bei uns weniger als zehn Kilometer in ein benachbartes Revier ab.

VOM SCHEUEN WALDTIER ZUM UNERSCHROCKENEN STÄDTER

Die meisten abwandernden Jungfüchse verhalten sich so wie ihre Eltern auch. Sie suchen sich, nachdem sie die elterlichen Bereiche verlassen haben, einen ähnlichen Lebensraum. Ein sehr kleiner Teil ist jedoch anders. Sie sind gewissermaßen bereit, neue Lebensräume zu erobern. Ein Teil der Füchse dringt dabei in für sie unbekannte Bereiche vor. Diese Tiere haben aber auch ein höheres Risiko zu versterben. Doch wenn sie es geschafft haben, können sie Teil einer neuen Subpopulation werden. Unter Umständen sind sie auch Pioniere und alle Nachkommen tragen ihre Gene. Die Füchse in der Stadt bilden dann relativ abgeschlossene Fortpflanzungseinheiten, die sich auch genetisch nachweisen lassen. Dennoch existiert immer auch ein leichter Strom zwischen der Stadt und dem Land. Der Zustrom in Richtung Stadt ist dabei in der Regel aber deutlich größer als andersherum.

Stadtfüchse wurden zum ersten Mal in den 1930er-Jahren in England festgestellt. Diese Erscheinung wurde zunächst mit der Entartung einiger Exemplare in Zusammenhang gebracht. Etwa 20 Jahre später wurden vergleichbare Entwicklungen auch auf dem europäischen Festland gemacht. Von nun an kam es hier zu einer systematischen Besiedlung der Städte. Warum die Städte nicht schon vorher besiedelt wurden, ist durch verschiedene Kriterien verhindert worden. Zum einen wäre da die Stadtarchitektur zu nennen. Denn wenn wir an die Städte ver-

Der Austausch zwischen Land- und Stadtfüchsen ist gering. In Städten lebende Füchse bilden somit relativ abgeschlossene Fortpflanzungseinheiten.

Viele Menschen haben sich mit der Anwesenheit von Wildtieren mittlerweile angefreundet.

gangener Jahrhunderte denken, sind dies üblicherweise hochverdichtete und kompakte Einheiten, in denen Leben und Arbeiten auf engstem Raum stattzufinden hatte. Dieser Zustand gab wenig Möglichkeiten für Wildtiere, sich zu etablieren. Erst als man begann, Arbeits- und Wohnstätten voneinander zu trennen, als sich Ein- und Mehrfamilienhausbereiche mit Gärten an den Stadträndern entwickelten, ergaben sich Freiräumen und Nischen. Damit stieß man zugleich die Tore für Wildtiere weit auf. Ein zweiter Grund ist die sich ändernde Haltung der Menschen gegenüber Wildtieren in der Stadt. Während Wildtiere früher als Krankheitsüberträger und Nahrungskonkurrenten aufgefasst und entsprechend schonungslos verfolgt wurden, änderte sich diese Einstellung allmählich und damit auch die Duldung von Wildtieren in der Stadt.

AM GEDECKTEN TISCH

Ist einmal ein gewisser Bestand etabliert, breiten sich die Tiere über die ganze Stadt aus. Dabei werden insbesondere in den peripheren Bereichen sehr hohe Dichten erreicht. Diese hohen Dichten lassen sich auf die günstigen Lebensbedingungen zurückführen. Insbesondere im Hinblick auf die Zurverfügungstellung von Nahrung ist der urbane Bereich äußerst potent. So stellte man in einer schweizerischen Untersuchung

In Mülltonnen oder auf Komposthaufen finden Füchse in Siedlungsbereichen reichlich Nahrung.

HABITAT	ABUNDANZ (FÜCHSE/km²)	LEBENSRAUM-GRÖSSE (ha)	TERRITO-RIALITÄT	GRUPPEN-BILDUNG
Subpolar	< 0,1	> 1.000	nein	nein
Skandinavien	ca. 0,5	500 ha	tlw.	nein
Deutschland (Offenland)	1–3	150–250	ja	tlw.
Stadt	bis 30	< 50	ja	ja

fest, dass pro 100 ha hier etwa 60 Füchse ernährt werden könnten. Dass diese Werte nicht erreicht werden können, hängt mit sozialen Gründen und der Territorialität der Füchse zusammen. Dennoch sind die bislang nachgewiesenen Dichten erstaunlich. Sie liegen in der Regel im zweistelligen Bereich. Die höchste jemals bei Füchsen festgestellte Dichte liegt bei schwer vorstellbaren 37 Füchsen pro 100 ha. Zum Vergleich sind es im Offenland dagegen nur zwei bis drei Füchse auf der gleichen Fläche.

FAKTOR MENSCH

Tiere, die den Weg in den urbanen Raum schaffen, müssen besondere Eigenschaften besitzen. Ein geringer Raumanspruch ist dabei ebenso vorteilig wie eine flexible Nahrungswahl. Ebenfalls günstig ist eine geringe Körpergröße, da sie hilft, die wenigen Versteckmöglichkeiten zu nutzen. Die wichtigste Voraussetzung ist jedoch, sich mit dem Faktor Mensch und seinen Lebensäußerungen zurechtzufinden. Zentrale Aufgabe der Wissenschaft ist es herauszufinden,

Vögel singen in der Nähe von Siedlungen lauter, damit ihre Rufe überhaupt gehört werden.

NIKOTIN ZUR GESUNDERHALTUNG

Im Zusammenhang mit dem Leben in der Stadt wurden auch bei Vögeln bemerkenswerte Anpassungen festgestellt. Bereits länger bekannt ist, dass Vogelarten in der Stadt signifikant lauter singen, als dies auf dem Land der Fall ist. Der einfache Grund ist, dass die Vögel gegen den allgemeinen Lärm der Stadt ansingen müssen. Interessant ist, dass einige Arten erstaunliche Materialien für den Nestbau benutzen. So wurden unter anderem Zigarettenstummel in den Nestern vorgefunden. Diese werden aber nicht in Ermangelung anderweitiger Nistmaterialien verwendet. Tatsächlich wird die Wirkung des für Parasiten giftigen Nikotins genutzt. Entfernten die Forscher die Kippen aktiv aus den Nestern, wurden sie von den Eltern wieder nachgelegt. Das Ergebnis der Maßnahme überzeugt, denn tatsächlich waren die Jungvögel aus diesen Nestern weniger von Parasiten befallen.

Mittlerweile kommen auch Feldhasen in städtischen Bereichen vor.

welche Anpassungsleistungen die Tierarten im Einzelnen zu leisten imstande sind. Die Stadtökologie wird aber nicht nur dazu beitragen, Tierarten oder ganze Gemeinschaften in ihrem urbanen Lebensraum ökologisch neu zu charakterisieren. Sie liefert durch Aufklärung zugleich auch einen wichtigen Beitrag für eine friedliche Koexistenz zwischen Wildtier und Mensch auf engem Raum. Denn eine Welt ohne Wildtiere in der Stadt wird es nicht mehr geben.

ANPASSUNGSFÄHIGER ALS GEDACHT

Während Fuchs und Waschbär schon lange zu den Arten gehören, die den Weg in die Stadt geschafft haben, ist dem Feldhasen dieser Sprung erst seit verhältnismäßig kurzer Zeit gelungen. Obwohl dem Feldhasen dieses Potenzial lange nicht zugetraut wurde, darf in Berlin mittlerweile von der Etablierung einer stabilen städtischen Subpopulation ausgegangen werden. So konnten bei einer aktuellen Zählung bis zu zwölf Hasen pro 100 ha festgestellt werden. Diese Zahl ist damit gut doppelt so groß wie die des Umlandes von Berlin. Der Hase profitiert dabei in erster Linie von offener Wohnbebauung. Die ungedüngten Flächen zwischen den Wohnblöcken schaffen zudem günstige Äsungs- und Versteckmöglichkeiten.

NICHT NUR EINZELGÄNGER

Unabhängig vom Lebensraum ist das Ziel eines jeden Fuchses die Etablierung eines eigenen Territoriums. Unter bestimmten Umständen kann es aber auch zum Verbleib im angestammten Gebiet kommen. Dies bietet zwar Schutz, doch ein Großteil dieser Tiere muss dafür auf eigenen Nachwuchs verzichten. Auf diese Weise entstehen Verbände, die neben dem dominanten Paar und ihren Welpen aus in der Regel ein bis zwei weiteren weiblichen Nachkommen aus dem Vorjahr bestehen. Gerade für schwächere Vertreter ihrer Art manchmal die einzige Möglichkeit sich in der Fuchsgesellschaft zu behaupten.

Dominante Fähen

Die Reproduktion dieser Tiere wird dabei oft unterdrückt, sodass lediglich die dominante Fähe wölft (Macdonald 1993). Die Fortpflanzungsunterdrückung der unter-

In Vergesellschaftungen von Füchsen reproduziert häufig nur die dominante Fähe.

geordneten Weibchen kann dabei auf verschiedene Weise realisiert werden. So besteht die Möglichkeit, über sozialen Stress Druck auszuüben. Infolgedessen kann es dazu kommen, dass der Östrus (Läufigkeit) der betreffenden Tiere ausbleibt und sie gar nicht erst aufnehmen. Stress kann aber auch zu einem vorzeitigen Trächtigkeitsende (Abort) führen. Doch auch im Falle gesunder und lebensfähiger Welpen ist ihr langfristiges Überleben nicht immer gewährleistet. Denn in solchen Fällen kann es dazu kommen, dass die dominante Fähe diese Welpen tötet. Dieser als Infantizid bezeichnete Vorgang unterstreicht, welche harten Gesetze in einem Fuchsrudel herrschen können. Dafür haben diese Tiere den Vorteil, im Falle des Verendens eines der adulten Tiere, das Revier „erben" zu können. Während die Verhältnisse bei den untergeordneten Tieren schnell deutlich werden, bleibt zunächst offen, was die Altfüchse von einer derartigen Allianz haben. Oder anders gesagt, müssen sie überhaupt irgendeinen Nachteil in Kauf nehmen? Denn jedes weitere Tier im Territorium nutzt und verbraucht Ressourcen. Tatsächlich duldet ein Teil der territorialen Füchse keine zusätzlichen Fresser im eigenen Revier, auch wenn es die Bedingungen hergeben. Ein anderer Teil jedoch duldet den Nachwuchs des vorangegangenen Jahres sogar dann noch, wenn der neue Nachwuchs schon auf die Welt gekommen ist. Ein Grund dafür liegt darin, dass die Reviere im Allgemeinen so eingerichtet sind, dass sie mehr Nahrung enthalten, als das residente Paar und ihre aktuellen Nachkommen benötigen. Die Versorgung der Gruppe ist demnach also in jedem Fall sichergestellt.

Die Jagd im Rudelverband ermöglicht es Wölfen, auch größere Tiere zu erbeuten.

Vergesellschaftungen bieten den Vorteil, dass mehrere Füchse die Versorgung der Welpen sicherstellen können.

Offen bleibt bis hierhin jedoch die Frage, warum sich Fuchsrudel bilden. Bei großen Beutegreifern ist kooperatives Vorgehen lohnenswert. Kooperativ vorzugehen dient zum Beispiel dazu, größere Beutetiere sicherer niederreißen und töten zu können. Dies ist auch einer der Gründe, warum Wolfsrudel in Nordamerika oder den Weiten des Ostens größer sind als bei uns. Das Erbeuten eines großen Beutetieres lässt sich einfach sicherer und erfolgreicher mit vereinten Kräften bewerkstelligen.

Aus der Sicht eines Fuchses macht gemeinschaftliche Jagd allerdings wenig Sinn. Im Gegenteil, Füchse würden sich auf der Jagd nach Mäusen sogar gegenseitig stören und ihren Jagderfolg mindern. Doch bei genauerem Hinsehen ergeben sich für beide Seiten Vorteile. Ein realer Vorteil für die Altfüchse besteht darin, Unterstützung bei der Aufzucht des aktuellen Wurfes zu erhalten. Denn diese untergeordneten Tiere fungieren als Helfer und verbessern damit die Versorgung der Welpen. Aber auch für die untergeordneten Füchse ergibt sich ein Vorteil, der sich aus den Verwandtschaftsverhältnissen ergibt. Denn Eltern stimmen mit ihren Kindern zu 50 Prozent genetisch überein. Helfer stimmen unter der Voraussetzung, dass Vater und Mutter identisch sind (Vollgeschwister) ebenfalls zu 50 Prozent überein. Das Überleben der aktuellen Welpen hilft demnach sowohl den Eltern als auch den älteren Geschwistern, eigenes genetisches Material zu erhalten und weiterzugeben.

UNAUFFÄLLIG UND STRUKTURIERT

Das Zusammenleben eines Fuchsrudels unterscheidet sich jedoch deutlich von dem des Wolfes. Denn die einzelnen Mitglieder begegnen sich beim Fuchs relativ selten.

Man fand heraus, dass sich Rudelgenossen innerhalb einer zehnstündigen Nacht lediglich für einen Zeitraum von vier Minuten näher als 30 Meter zueinander aufhielten. Statistisch gesehen trifft man sich damit nur ein- bis zweimal innerhalb eines Tages. Oft erkennen sich die Mitglieder eines Rudels schon aus einiger Entfernung und jeder zieht weiter seines Weges. Manchmal jedoch kommt es auch zu Körperkontakt. Sogar gegenseitige Fellpflege kommt vor. Bei diesen Begegnungen werden auch Präferenzen innerhalb des Rudels deutlich. Denn die Beziehungen untereinander sind nicht dieselben. Soziale Auseinandersetzungen sind selten. Kommt es dennoch dazu, sind die Abläufe ritualisiert, sodass ernsthafte Verletzungen vermieden werden.

Wie in anderen tierischen Verbänden besteht auch im Fuchsrudel eine Rangordnung. Dies wird dann deutlich, wenn es zu einem Verlust der Position kommt. Welche Konsequenzen ein Abstieg haben kann, zeigt sich besonders bei dominanten Fähen. Büßen diese Tiere ihre Position ein, verlieren sie oft auch das Recht auf Reproduktion. Dieses geht dann auf die neue dominante Fähe über. Dennoch besteht die Möglichkeit, dass die alte Fähe weiterhin im gemeinsamen Revier geduldet wird. Im Übrigen wird auch sie sich dann an der Aufzucht der Jungen als Helfer beteiligen.

Ein Fuchsrudel teilt sich aber nicht nur ein gemeinsames Revier, es wird auch gemeinschaftlich gegen benachbarte und andere eindringende Füchse verteidigt (Arnold 2009). Diese Kämpfe werden oft sehr vehement geführt, wobei sich auch weibliche Tiere an den Kämpfen beteiligen. Bemerkenswert ist, dass etwa sieben Prozent der Tiere in Auseinandersetzungen mit den eigenen Artgenossen stirbt (Harris & Baker 2009).

RUDELBILDUNG UND LEBENSRAUM

Ob es überhaupt zu Rudelbildung beim Fuchs kommt, hängt maßgeblich von den Lebensraumbedingungen ab. In ausgeräumten und kargen Lebensräumen des hohen

Innerhalb von Fuchsrudeln wird eine Rangordnung unter anderem durch Kämpfe festgelegt.

MERKMAL	BESCHREIBUNG
Rudelgröße	2–4 adulte Tiere (meist 1 Rüde + 1 dominante Fähe, ggf. weitere untergeordnete Fähen oder Füchse aus dem letzten Jahr) plus Nachkommen.
Reproduktion	In ca. 60 % der Rudel nur ein Wurf pro Jahr durch die dominante Fähe; in den übrigen Rudeln zusätzlich Würfe durch untergeordnete Fähen, untergeordnete Tiere beteiligen sich an Versorgung und Aufzucht.
Territorialverhalten	Territorium wird gemeinschaftlich verteidigt.
Kontaktfrequenz	Begegnungen zwischen Rudelmitgliedern selten, meist 1–2 Mal pro Tag.
Bindungen innerhalb des Rudels	Unterschiede in Nähe/Intensität der Bindungen: enge Beziehungen zwischen einigen Individuen, andere eher lose, gegenseitige Fellpflege.

In der Stadt ist sehr viel Nahrung verfügbar, dort lebende Fuchsrudel sind deutlich größer als auf dem Land.

In sehr kargen Gegenden zeigen Füchse teils kein territoriales Verhalten.

Nordens und Ostens sind die Streifgebiete der Füchse riesig. Nicht selten sind die Reviere dann mehrere Tausend Hektar groß, anders lassen sich die überlebensnotwendigen Ressourcen unter den herrschenden, verhältnismäßig rauen Bedingungen nicht decken. In diesen Arealen existieren keine Rudel, oft zeigen die Tiere noch nicht mal eine Territorialität, was daran liegt, dass die Reviere nicht ökonomisch zu verteidigen sind. Die größten jemals dokumentierten Rudel wurden in der Stadt festgestellt. Denn urbane Lebensräume stellen enorm viel Nahrung zur Verfügung.
Etwa 2/3 der Nahrung des Fuchses in der Stadt entstammt menschlicher Quellen. Die Nahrung ist dabei nicht nur reichlich vorhanden, sondern oft auch sehr kalorienreich. Viel Nahrung bedeutet hohe Habitatkapazität. Es verwundert daher wenig, dass die größten Rudel bislang auch in der Stadt gefunden wurden. Hier leben Fuchsrudel aus bis zu zehn Tieren in sehr kleinen Territorien. Dass sich Füchse rudelartig aggregieren, liegt neben dem Lebensraum wohl auch daran, dass sie als Zugehörige der Familie der Hunde evolutiv eine gewisse Veranlagung zum Leben im Verband mitbringen.

EIGENE REVIERE

Füchse in der Stadt oder auf dem Land leben streng territorial. Diese Territorialität stellt sicher, dass vorhandene Ressourcen monopolisiert werden können. Anders ausgedrückt: Der Besitzer eines Reviers hat uneingeschränkten Zugriff auf die Futterreserven seines Territoriums. Zugleich gewährleistet das eigene Revier eine gewisse Garantie, sich erfolgreich reproduzieren zu können. Zwar zeigen die Ergebnisse genetischer Untersuchungen, dass auch Füchse ohne Revier erfolgreich sein können, aber die Wahrscheinlichkeit dazu ist deutlich herabgesetzt (Iossa et al. 2008).

ÜBER FÜCHSE IM WINTER

Wenn der Winter langsam über das Land zieht und die Tage kürzer werden, haben die Jungfüchse an der alten Kiefer den Bau und das Geburtsrevier längst verlassen.

Auch andernorts wird den wenigen noch im elterlichen Territorium verbliebenen Füchsen nun unmissverständlich klargemacht, dass ihre Zeit dort vorbei ist. Denn mit dem Eintritt in die Geschlechtsreife sind sie endgültig zu Konkurrenten geworden. Einigen von ihnen ist es bereits gelungen, ein eigenes Revier zu etablieren, während andere noch umherziehen. Bei den telemetrischen Überwachungen konnte ich feststellen, wie dynamisch dieser Prozess ist. Denn nach dem Tod eines territorialen Fuchses dauert es durchschnittlich nur etwa zwei Wochen, bis das frei gewordene Gebiet von einem anderen Tier neu besetzt wird.

FÜCHSE WERDEN SELTEN ÄLTER ALS ZWEI JAHRE

Das Leben der revierlosen Füchse, der sogenannten Floater, ist äußerst hart. Füchse sind strikt territorial, und auch wenn sich benachbarte Tiere akzeptieren und die Reviergrenzen respektieren, reagieren sie unerbittlich auf fremde Artgenossen, die in ihr Gebiet eindringen. Hinzu kommen Verluste durch Jagd, Straßenverkehr und Krankheiten. Im Frühjahr nach der Geburt sind von unseren angenommenen 100 Jung-

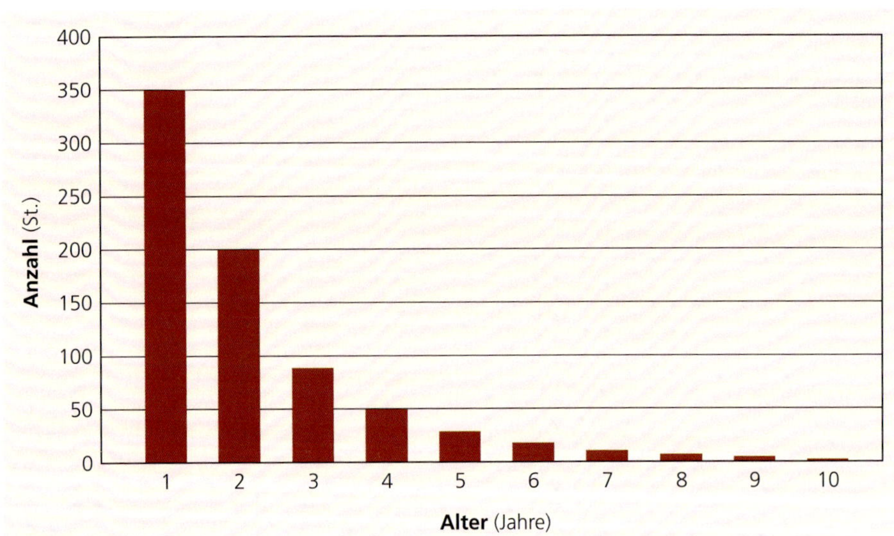

Von einer Ausgangspopulation von 1.000 Füchsen erreichen lediglich 350 den ersten Geburtstag.

füchsen im Durchschnitt nur noch 35 am Leben. Lediglich acht Tiere dieser fiktiven Anfangsgeneration erleben ihren dritten Geburtstag. Auch wenn die Sterberate bei erwachsenen Füchsen deutlich sinkt, erreichen von den 100 ursprünglichen Welpen nur zwei ein Alter von fünf Jahren. Der Aderlass ist groß und statistisch gesehen ist die Chance für die Welpen aus unserem Bau bei der alten Kiefer, ein solches Alter zu erreichen, verschwindend gering. Von 1.000 Füchsen erreichen rein rechnerisch nur vier das Alter von zehn Jahren – das entspricht in etwa der natürlichen Höchstlebensdauer. Der älteste Fuchs, den ich je in den Händen hielt, war zwölf Jahre alt. Er stammte aus Gefangenschaftshaltung.

ÜBERSINNLICHE FÄHIGKEITEN

Nur etwa ein Drittel aller Füchse schafft es, ein eigenes Revier zu etablieren. Dieses sichert ihnen nicht nur das Recht zur Fortpflanzung, sondern auch den Zugang zu den darin vorhandenen Nahrungsressourcen.

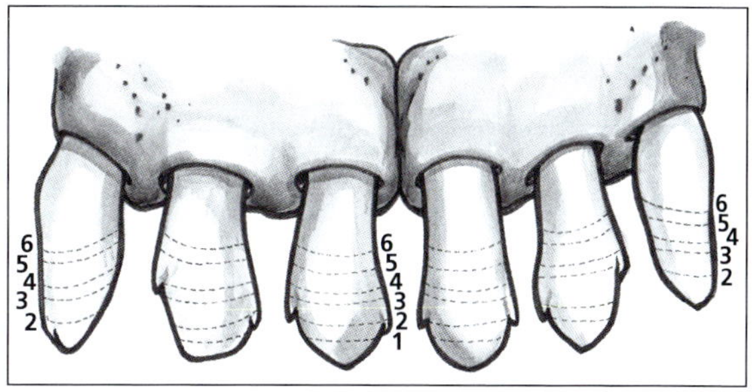

Altersbestimmung anhand des Abschliffs der Schneidezähne im Oberkiefer. Im Alter von zwei Jahren ist die „Dreilappigkeit" der inneren Schneidezähne verloren gegangen (nach Harris & Baker 2009).

Der tägliche Nahrungsbedarf eines Fuchses liegt bei rund 300 bis 500 Gramm, wobei ein großer Teil durch Mäuse gedeckt wird. Dank seines ausgezeichneten Gehörs ist er in der Lage, den Aufenthaltsort einer Maus bis auf wenige Grad genau zu bestimmen. Und doch stelle ich mir die Frage: Wie gelingt es Füchsen, insbesondere im Winter, ihre Beute aufzuspüren – obwohl diese oft völlig unter Schnee oder dichtem Gras verborgen liegt?
In meinen langjährigen Fuchsbeobachtungen fiel mir schon früh auf, dass Reineke bei

Füchse können selbst unter einer Schneedecke befindliche Mäuse erhören.

Hunde richten sich beim Absetzen eines Häufchens bevorzugt in Nord-Süd-Richtung aus.

der Mäusejagd offenbar über einen weiteren besonderen Sinn verfügt. Erste Hinweise darauf erhielt ich bei der Auswertung einiger Dutzend dokumentierter Fuchssprünge, die ursprünglich im Rahmen einer allgemeinen verhaltensbiologischen Studie erfasst wurden. Dabei ergab sich ein interessanter Zufallsbefund: Es schien eine bevorzugte Sprungrichtung zu geben. Da die damalige Datenlage jedoch zu dünn war, um einen statistisch belastbaren Zusammenhang herzustellen, legte ich die Ergebnisse zunächst zur Seite.

Viele Jahre später griff eine groß angelegte wissenschaftliche Untersuchung dieses Phänomen auf. Ein Team aus 23 Wildbiologen und erfahrenen Jägern beobachtete und dokumentierte die Maussprünge von über 80 verschiedenen Füchsen. Insgesamt konnten nahezu 600 Sprünge ausgewertet werden. Die Ergebnisse waren erstaunlich: Es zeigte sich nicht nur eine deutliche Vorliebe für die Nord-Süd-Achse, sondern auch ein signifikanter Unterschied in der Erfolgsquote. Sprünge in Nordrichtung waren zu 72 Prozent erfolgreich, in Südrichtung lag die Trefferquote bei immerhin noch 60 Prozent. Sprünge in andere Richtungen führten hingegen nur in etwa 18 Prozent der Fälle zum Erfolg. Die Wissenschaftler schlossen aus diesen Beobachtungen, dass der Fuchs offenbar in der Lage ist, das Erdmagnetfeld bei der Jagd zur Orientierung und Beuteortung zu nutzen. Wie genau er das macht, ist jedoch bis heute ungeklärt. Insbesondere ist noch offen, welche organischen Strukturen oder Zellen im Körper des Fuchses dafür verantwortlich sind.

AUSGERICHTETE HÄUFCHEN

Eine sehr bemerkenswerte Feststellung machten Forscher bei einer Untersuchung zum Defäkationsverhalten von Hunden. Mit anderen Worten: Es wurde in der Studie untersucht, in welche Richtung sich die Tiere beim Absetzen ihres „Häufchens" ausrichteten. Das Ergebnis von 7.000 „Lösungsvorgängen" erbrachte ein eindeutiges Ergebnis. Hunde richten sich, sofern sie freilaufend sind, bevorzugt in der Nord-Süd-Richtung aus.

DIE KUNST DES FUCHSFANGS

Im Schnitt erbeutet Ron Leggett 800 Füchse pro Jahr.

Die Fangsaison auf Rotfüchse beginnt in Nordamerika jedes Jahr im November und dauert bis Januar. In dieser Zeit verbringt auch Ron Leggett etwa 60 Tage damit, täglich rund 130 Kilometer seine „Trap-Line" abzufahren und etwa 80 Fallen entlang von Wald-Feld-Kanten und Flussläufen zu kontrollieren. Ein Geheimnis seines Erfolges ist die Verwendung spezieller Lockstoffe, die die Fallen für Füchse besonders attraktiv machen. Doch der Erfolg der Jagd hängt nicht nur davon ab, sondern auch von einer gründlichen Vorbereitung, wenn Ron die weiten Landschaften nach Fuchsspuren abspürt und eine Vorstellung von den besten Fangplätzen entwickelt. Am Ende dieser intensiven 60 Tage wird der Tacho von Rons Truck rund 5.000 zusätzliche Meilen anzeigen (etwa 8.000 Kilometer). In seinem erfolgreichsten Jahr fing Ron in nur 53 Tagen insgesamt 1.220 Füchse. Siebenmal ist es ihm gelungen, mehr als 1.000 Füchse in einer Saison zu fangen. Durchschnittlich fängt er etwa 800 Füchse pro Jahr. Seine höchste Tagesstrecke lag bei 52 Füchsen. Der körperliche Einsatz ist enorm, da alle Füchse von ihm selbst gestreift und gegerbt werden.

Sicher lässt sich das Beispiel von Ron nicht auf Deutschland übertragen. Denn nicht nur die Einstellung zur Fangjagd (Fallentyp in Deutschland verboten) sind zu unterschiedlich, sondern auch die örtlichen Verhältnisse. Eines zeigt das Beispiel jedoch eindrücklich: Füchse zu fangen, ist kein Hexenwerk. Doch es will gelernt sein. Nur wer sich ständig mit seiner Beute beschäftigt, immer wieder Neues versucht und aus Fehlfängen lernt, wird ein guter Raubwildfänger werden. Dabei hilft es, sich mit erfahrenen Jägern auszutauschen. Versierte Fuchsjäger haben häufig ein besonderes Näschen für diesen Räuber entwickelt.

Kein Buch ist imstande, dieses Gespür zu konservieren oder zu vermitteln. Auch menschlich kann der ambitionierte Fuchsjäger dadurch gewinnen. Nicht selten verbergen sich hinter diesen Menschen besondere Charaktere. Die meisten von ihnen sind sehr still und introvertiert, bisweilen aber auch ein bisschen seltsam. Eines ist ihnen jedoch allen gemein: Sie sind voller Passion. Diese Leidenschaft treibt sie auch noch nach vielen Jahren Fuchsjagd in eine bitterkalte Winternacht hinaus, wenn Reineke schnürt. Sie jagen, um ihren Jagdtrieb zu stillen. Das ist ehrlich und glaubhaft, auch deshalb, weil keine große Trophäe ihr Lohn ist. Und so sagte ein knorriger alter Norddeutscher einmal trefflich zu mir: „Wat den een sien Rothirsch, is den anderen sien Rotvoss."

Rotröcke nehmen ihre Umwelt zu einem Großteil mit ihrer Nase wahr.

DIE VERBORGENE WELT DER GERÜCHE

Neben dem Magnet- und Gehörsinn fällt bei Füchsen schnell auf, wie stark ihre Welt von Gerüchen geprägt ist. Unablässig bewinden sie gewissenhaft den Boden. Die Spuren, die sie lesen, verraten ihnen präzise, was sich hier in letzter Zeit abgespielt hat. Während dem Menschen die Welt der Gerüche weitgehend verschlossen bleibt, ist sie für einen Fuchs dagegen abwechslungsreich und vielsagend. Genau aus diesem Grund wird diese Art auch den sogenannten Makrosmaten zugeordnet. Dieser griechische Begriff bezeichnet Wirbeltiere mit stark ausgeprägtem Geruchssinn. Tatsächlich erschließen sich Füchse ihre Welt in hohem Maße über Gerüche. Neben der Ortung von Beutetieren spielt dieser Sinn bei ihnen natürlich auch eine herausragende Rolle für den innerartlichen Informationsaustausch. Die Geruchsabgabe erfolgt dabei mithilfe von Urin, Losung oder durch die Freisetzung von Drüsensekreten (Kleiman 1966).

Viele geruchliche Informationen

Zunächst einmal können damit individuelle Informationen weitergegeben werden. Füchse sind in der Lage, das Geschlecht sowie den jeweiligen sozialen und geschlechtlichen Status am Geruch zu erkennen. So enthält der Urin Pheromone, die beispielsweise Aufschluss darüber geben, ob eine Fähe empfängnisbereit ist oder nicht. Aber auch für die Erkennung von Artgenossen ist die Geruchswelt entscheidend. Da der Augensinn

Im Urin sind zahlreiche Pheromone enthalten. Unter anderem kann daran die Paarungsbereitschaft abgelesen werden.

bei Füchsen nicht sonderlich gut ausgeprägt ist und deshalb kaum Möglichkeiten bietet, einen Artgenossen individuell aus der Entfernung zu erkennen, werden diesbezüglich Geruchssignale genutzt. Ich habe in diesem Zusammenhang oft beobachten können, dass sich einander bekannte Füchse auf Kurzdistanz annähern mussten, um sich optisch wiederzuerkennen. Steht der Wind dagegen günstig, ist eine Erkennung schon aus weiter Distanz möglich. Der Körperausdruck verrät einem dabei, wann ein Tier tatsächlich Klarheit über das jeweilige Gegenüber hat und dieses identifiziert ist.

Der Duft der Veilchendrüse

Für den Eigengeruch und damit die Distanzerkennung wird u. a. der Duft der Veilchendrüse genutzt. Welche Geruchsstoffe für ihre besondere Note sorgen, war im Detail bislang allerdings nicht bekannt. In einer englischen Untersuchung trat man dieser Frage mithilfe umfassender massenspektrometrischer Analysen näher (McLean et al. 2019). Neben teilweise bereits bekannten Inhaltsstoffen wurde eine Mischung flüchtiger Apocarotinoide nachgewiesen. Dabei handelt es sich um ein Abbauprodukt von Carotinoiden. Diese wiederum sind häufig in diversen Früchten zu finden und laut der Autoren möglicherweise mitverantwortlich für das blumige Aroma der Viole. Es ist deshalb denkbar, dass der Fuchs Früchte nicht allein aus Gründen des Nahrungserwerbs zu sich nimmt. In eigenen Mageninhaltsuntersuchungen konnten diese in teilweise erheblichen Größenordnungen nachgewiesen werden. Besonders prominent sind Früchte im ausgehenden Sommer und Herbst, wo sie bis zu 20 % der Gesamtnahrung ausmachen können.

Bei Fuchsbegegnungen ist zu beobachten, dass die Viole bei einem Nahkontakt besonders bewindet wird. Dies ist in der Ranz noch stärker ausgeprägt und legt die Vermutung nahe, dass sie wichtige Informationen

Die Veilchendrüse sitzt an der Oberseite der Lunte.

Ggf. wird der Duft der Veilchendrüse durch die aufgenommene Nahrung beeinflusst.

übermittelt. In der Wissenschaft wurde zuletzt diskutiert, dass mithilfe ihres Duftes möglicherweise auch Informationen zum aktuellen Gesundheitsstatus übermittelt werden. Derartige Botschaften könnten dann wiederum bei der Partnerwahl eine Rolle spielen.

Früh übt sich

Generell beginnt Reineke schon sehr zeitig geruchliche Signale auszutauschen. Bereits in einem Alter von 3–4 Monaten werden Duftmarkierungen eingesetzt (Soulsbury & Fawcett 2015). Dieses Verhalten verstärkt sich in den folgenden Lebenswochen besonders bei den männlichen Welpen. Werden die Welpen dann aber größer, reduzieren sie ihr Markierungsverhalten merklich. Füchse sind in einem Alter von einem halben Jahr nahezu ausgewachsen und ihren Eltern fast ebenbürtig. Um interne Auseinandersetzungen mit den dominanten Tieren zu vermeiden, stellen sie Markierungsverhalten zu diesem Zeitpunkt mehr oder weniger ein. Auch nach der Abwanderung sind die sogenannten *Floater* dahingehend inaktiv. Auf diese Weise bleiben sie unauffällig und gehen den Attacken residenter Tiere weitgehend aus dem Weg. Es lässt sich in diesem Zusammenhang auch nachweisen, dass sich diese *Floater* teilweise allein durch den Geruch eines dominanten Rüden davon abhalten lassen, bestimmte Bereiche aufzusuchen.

STÄNDIG NACHLEGEN

Für den Revierinhaber wiederum ist es wichtig, diese Signale praktisch permanent zu erneuern. Territoriale Füchse markieren deshalb innerhalb eines Tages mehrere dutzend Mal. Diese Grenzmarkierungen werden dann sowohl von den Nachbarn als auch von revierlosen Füchsen regelmäßig überprüft. In eigenen Versuchen konnten wir zeigen, dass das Fehlen dieser Signale für den *Floater* bedeutet, dass das Revier unbesetzt ist. Es dauert dann nur wenige Tage, bis das verkannte Revier durch einen revierlosen Fuchs übernommen wird.

Neben Urin wird auch Losung genutzt, um damit das eigene Revier zu markieren.

FREMDE RÜDEN

In einem anderen hochinteressanten Versuch wollten Arnold und Mitarbeiter (2011) herausfinden, wie Füchse auf fremden Fuchsurin reagieren. Dazu brachten sie synthetischen Fuchsurin aus und analysierten das Verhalten der zuvor besenderten Füchse. In Reaktion auf den vermeintlichen Fremdling verschoben die residenten Füchse ihre Aufenthaltsschwerpunkte in Richtung der manipulierten Bereiche. Interessanterweise neigten stärkere Rüden zu einer stärkeren Verlagerung und Präsenz als schwächere Exemplare. Obwohl die Fähen grundsätzlich auch an der Revierverteidigung beteiligt sind, blieben sie aber unbeeindruckt. Sie zeigten keine signifikante räumliche oder verhaltensmäßige Reaktion auf den Fremdurin.

VERSTÄRKENDE WIRKUNG

Neben Urin wird auch Losung zur Markierung des Reviers eingesetzt. Um den Geruch zu intensivieren, wird aus den beiden seitlich neben dem Weidloch befindlichen Analdrüsen zusätzlich ein Sekret abgesetzt. Oft werden von Füchsen zudem noch erhöhte Plätze genutzt, um eine bessere Verbreitung des Geruches zu gewährleisten. Sie sind auf diese Weise aber auch besser wiederzufinden, was für Sender und Empfänger gleichermaßen günstig ist. Italienische Kollegen widmeten sich der Frage, welche Strukturen bei der Platzierung von Losung noch genutzt werden (Cozzi et al. 2022). Dabei war in erster Linie von Interesse, ob sie auch bestimmte geruchlich interessante Plätze bevorzugten. Tatsächlich konnten die Forscher nachweisen, dass sich die Füchse mit Vorliebe unter anderem in der Nähe besonders aromatisch duftender Pflanzen und Sträucher lösten. Ebenfalls statistisch belegbar war, dass auch die Nähe von Viehkot oder Kadavern von den Füchsen favorisiert wurden. Das Verhalten kann man so deuten, dass das eigentliche Signal dadurch wohl verstärkt wird.

Füchse setzen ihre Losung bevorzugt an leicht erhöhten Positionen ab.

VERSCHOBENE GRENZEN

In einem Versuch untersuchte ich einmal, wie diese darauf reagieren, wenn ihre Grenzmarkierungen versetzt werden. Ich versetzte also Losung, die der Revierabgrenzung diente, um einige Meter in das jeweilige Nachbarrevier. Im Ergebnis zeigte sich, dass die Füchse ihre eigenen Grenzmarkierungen zwar intensiv bewindeten, aber unter diesen Umständen niemals erneut markierten.

Verschob ich die „Grenzsteine“ wieder zurück an ihren alten Platz, wurden sie wie gewohnt auch wieder markiert. Dies zeigte, dass bei Füchsen zum einen ein präzises räumliches Verständnis über die Reviergrenzen vorliegt und zum anderen die Grenzen zwischen territorialen Füchsen respektiert werden.

STRESS UND ANGSTSCHWEISS

Es ist sehr wahrscheinlich, dass Füchse in der Lage sind, etwaigen Stress eines anderen Fuchses wahrzunehmen. Sie sind damit also befähigt, sich ein Bild von der Verfassung eines Artgenossen zu machen. Verantwortlich dafür sind auch Stresshormone, die von den Füchsen gerochen werden können. Beim Menschen können Stresssituationen ebenfalls zu einer besonderen Note führen. Sogenannter Angstschweiß unterscheidet sich aber nicht nur in puncto Stresshormone. Er begünstigt die Entstehung von Buttersäure auf der Haut und wird deshalb als besonders unangenehm wahrgenommen. Die biologische Interpretation solcher geruchlichen Signale besteht darin, dass Informationen auf diese Weise an andere Gruppenmitglieder übertragen werden können und ein Verhalten damit synchronisiert werden kann.

WAS LOCKT DEN FUCHS WIRKLICH?

Ob Lockstoffe wirklich funktionieren, ist für den Jäger im Einzelnen oft schwer beurteilbar. Herstellerversprechungen sind oft groß und wecken Erwartungen. In einem wissenschaftlichen Versuch verglich man einen kommerziellen Fuchslockstoff mit anderen Duftstoffen mithilfe von Kamerafallen (Cozzi et al. 2022). Die Wirkung des Lockstoffes wurde verglichen mit Orangenaroma, Katzenfutter und einer Nullgruppe (ohne Duftstoff). Im Ergebnis ließ sich zeigen, dass der Lockstoff unterschiedslos gegenüber den anderen beiden Aromen abschloss. Alle drei Düfte lösten eine vergleichbare Lockwirkung aus. Interessanterweise erreichten sowohl das Katzenfutter (33 s) als auch das Orangenaroma (17 s) jedoch eine signifikant längere Verweildauer gegenüber dem kommerziellen Lockstoff (10 s) aus.

Im Dezember und Januar liegt die Hochphase der Fuchsranz.

DIE HOHE ZEIT DER ROTRÖCKE

Eine Phase im Jahr des Rotfuchses, die ebenfalls in hohem Maße durch geruchliche Signale und den Austausch solcher geprägt ist, ist die Ranz. In der Zeit von Ende Dezember bis in den Februar hinein kommt nun viel Bewegung ins Leben der Füchse. Die genaue Zeit der Ranz ist neben individuellen Faktoren stark von den vorherrschenden klimatischen Bedingungen abhängig. Blickt man zum Beispiel weiter nach Norden, wird schnell deutlich, wie stark die Witterungsbedingungen den Takt vorgeben. Dort findet die Ranz nämlich erst ab Ende März statt. Auf diese Weise wird sichergestellt, dass die Welpen in einer Phase gewölft werden, in der die Nahrungsbedingungen günstig sind.

FRUCHTBARE PHASE BEIM FUCHS VON ENDE NOVEMBER BIS IN DEN MÄRZ

Ist hierzulande der Dezember gekommen, steht bei Reineke alles im Zeichen der Fortpflanzung. Selbst die Rüden, die im selben Jahr erst das Licht der Welt erblickt haben, können sich bereits erfolgreich beteiligen. Denn mit etwa zehn Monaten sind sie geschlechtsreif. Im Gegensatz zu unseren Haushunden sind Fuchsrüden jedoch nicht das ganze Jahr über zeugungsfähig. Ihre fruchtbare Phase beginnt erst Ende November und hält in unseren Breiten bis in den März hinein an. Vor allem junge Rüden verfügen teilweise bis dahin noch über kein eigenes Revier. Das ist auch der Grund, warum sie gerade in dieser Zeit größere Wanderungen in neue Gebiete unterneh-

Je weiter nördlich der Lebensraum, desto später liegt die Ranz der Rotröcke.

men. Diese führen sie oft viele Kilometer von ihren ursprünglichen Bereichen fort. Je nach Altersstruktur der Population haben Untersuchungen ergeben, dass bis zu 20 Prozent aller Füchse revierlose Vagabunden sind. Ihr unstetes Leben ist jedoch nicht ungefährlich, denn Eindringlinge werden von territorialen Rüden vehement verfolgt. Dabei werden manche so schwer verletzt, dass sie an den Folgen sterben.

Auseinandersetzungen in der Ranz verlaufen teilweise heftig.

IM NAHKAMPF GEHT'S BIS AUFS BLUT

Während der Ranz haben Baustandorte eine besonders hohe Anziehungskraft. Die Rüden beginnen in dieser Zeit intensiver diese Plätze zu kontrollieren. Denn diese gehören gewissermaßen zu den Rendezvousplätzen im Fuchsrevier. Auf der Suche nach Fähen wird in dieser Phase auch der Tag aktiv genutzt. Steht eine Fähe vor dem Eisprung, finden sich nicht selten mehrere Rüden in ihrer Nähe ein. Unter diesen Bedingungen kann es dann schnell zu körperlichen Auseinandersetzungen der beteiligten Verehrer kommen. Die Gesichter erlegter Füchse geben einen kleinen Eindruck von deren Leben. Richtige Raufbolde sind regelrecht übersät mit Narben. Achten Sie deshalb bei erlegten Stücken mal genauer darauf!

Körperlich starke Rüden sind im Kampf immer im Vorteil. Grundsätzlich sind die Kämpfe zwischen Rotfüchsen wie die von Rothirschen ritualisiert. Auf diese Weise ist ein Kräftemessen oft beendet, bevor es zu einer körperlichen Auseinandersetzung kommt. Sind die Kontrahenten jedoch annähernd gleich groß, wird der Sieger über einen Kampf ermittelt. Im Nahkampf stellen sich die Rüden auf die Hinterläufe und drücken sowie boxen sich mit ihren Vorderläufen. Der Unterlegene flieht nach einiger Zeit und wird vom Gewinner triumphierend verfolgt. Nicht selten wird dem Verlierer dabei noch in die Lunte oder Keule

Fuchsbaue dienen in der Ranzzeit als Treffpunkt liebestoller Rotröcke.

gebissen. Bei zwei miteinander kämpfenden Füchsen, muss es sich jedoch nicht zwangsläufig um zwei Rüden handeln. Denn auch zwischen der Fähe und dem Rüden läuft nicht immer alles harmonisch ab. Im Versuch den genauen Status der Fähe zu überprüfen, versucht sich der Rüde immer wieder anzunähern. Ist die Zeit aus der Sicht der Fähe jedoch noch nicht gekommen, kann sie ihm dies auch sehr deutlich zu verstehen geben und ihn empfindlich zurück-

RANZ, EINE BESONDERE ZEIT ...

Füchse benutzen den Bau zur Ranz als Treffpunkt und Rendezvousplatz. Während dieser Zeit in der Nähe des Baus auf den Fuchs anzusitzen, ist deshalb immer vielversprechend.

In der Ranzzeit werden bei der Jagd an Strohmieten bzw. der Baujagd häufiger Pärchen angetroffen.

weisen. Es können sich dabei Kämpfe entwickeln, die denen zwischen zwei Rüden sehr ähnlich sind. Interessant ist die Tatsache, dass ein Teil der neuen Fuchsgeneration offenbar auch unter Tage im Bau gezeugt wird. So konnte ich bei meinen Telemetriestudien wiederholt feststellen, wie Fähe und Rüde über viele Stunden in einen Bau einschlieften.

Dieses Verhalten sollte sich der Raubwildjäger zunutze machen. Die Mittel der Wahl lauten dabei: Baujagd mit dem Erdhund und Ansitz am Bau. Die Chancen erhöhen sich zusätzlich dadurch, weil sich sowohl revierlose Füchse als auch die Rüden der Nachbarreviere gern während der Ranz in Baunähe umschauen und ihre Duftspuren hinterlassen.

WEITERE PARTNER BERGEN AUCH PROBLEME

Wie sich sesshafte Rüden im Kampf um eine Fähe verhalten, scheint grundsätzlich auch eine Frage des Charakters zu sein. Etwas vermenschlicht würde man zunächst den eher häuslichen Typ identifizieren. Er verlässt sein heimisches Territorium nicht oder kaum. Getreu dem Motto „daheim ist es am schönsten" kümmert er sich in erster Linie um die eigene Fähe. Ihm gegenüber steht der Draufgänger. Stets auf der Suche nach einer neuen Partnerin, werden Reviergrenzen von diesem Typ ignoriert. Solche Rüden haben eine höhere Chance eine weitere Fähe zu finden, gleichzeitig erhöht sich aber auch die Wahrscheinlichkeit, dass andere Rüden bei der eigenen Fähe landen.

Welche Beziehung und Austausch zwischen benachbarten Territoriumsbesitzern tatsächlich bestehen kann, wurde auf einzigartige Weise von englischen Forschern untersucht (Iossa et al. 2008). Dazu wurden

Füchse der offenen Agrarlandschaft suchen in Ermangelung von Alternativen häufiger Baue auf, als es „Waldfüchse" tun. Tipp: Das Durchdrücken einer Dickung oder Schilffläche lohnt sich immer, da sie zu den bevorzugten Tagesschlafplätzen zählen!

zahlreiche Füchse in aneinander angrenzenden Fuchsfamilien besendert. Um mehr über ihr Leben und individuelle Strategien herauszufinden, wurden die Räuber auch genetisch untersucht. Auf dieser Grundlage war es nun möglich, unter anderem auch Aussagen zu den jeweiligen Vaterschaftsverhältnissen zu treffen.
Dabei konnte u. a. ein Rüde „überführt" werden, der Vater zweier Gehecke in der unmittelbaren Nachbarschaft seines Reviers wurde. Interessanterweise aber selber nicht der körperliche Vater des „eigenen Gehecks" war.

Schilfpartien werden von Füchsen gern als Tagesschlafplätze genutzt.

TREUE LOHNT SICH NICHT: DER „COOLIDGE EFFEKT"

Dass Fremdgehen hormonell beeinflusst wird, ist seit vielen Jahren bekannt. Dieses Phänomen ist sogar so bedeutend, dass nach ihm ein Effekt benannt ist: Der „Coolidge Effekt". Prominenter Namensgeber war dabei kein geringerer als der 30. Präsident der Vereinigten Staaten von Amerika, Calvin Coolidge. Die Geschichte hinter dem Effekt ereignete sich, als das Staatsoberhaupt in Begleitung seiner Gattin eine Hühnerfarm besichtigte. Als beide über die Farm geführt wurden, bestieg ein Hahn eine Henne. Der Farmer machte die Gattin des Präsidenten darauf aufmerksam, dass dieser Hahn imstande sei, täglich zwölf Hühner zu besteigen. Die Präsidentengattin soll daraufhin erwidert haben, dass man das mal ihrem Mann sagen solle. Dieser hakte nach und fragte den Bauern wiederum: „Ist es denn jedes Mal dieselbe Henne?" „Nein, jedes Mal eine andere", antwortete der Bauer. Der Präsident reagierte schlagfertig: „Dann sagen sie das mal meiner Frau." Tatsächlich wurde dieser Effekt u. a. auch bei Ratten beobachtet und wissenschaftlich beschrieben. Für den Versuch sperrte man zunächst ein Rattenpärchen zusammen, woraufhin das Männchen sofort damit begann, das Weibchen zu begatten. Nach vielen weiteren Begattungen verlor sich die Lust des Männchens jedoch zunehmend bis schließlich keine weiteren Kopulationen mehr erfolgten. Sperrte man nun ein weiteres Weibchen dazu, begann das Männchen unverzüglich, das neue Weibchen zu begatten.
Hintergrund und Antreiber dieses Phänomens ist Dopamin. Es handelt sich dabei um ein Glückshormon, welches bei sexuellem Kontakt ausgeschüttet wird. Das geschieht bei einem neuen Sexualpartner deutlich stärker als bei einem altbekannten. Das Rattenmännchen wird gewissermaßen für die Kopulation mit dem neuen Partner von seinem Gehirn belohnt. Dies ist biologisch auch sinnvoll, da damit Aussicht auf eine höhere Nachkommenschaft besteht. Ganz anders wirkt dagegen das Hormon Oxytocin, das an der Regulation sozialer Bindungen beteiligt ist. Es fördert, dass Tiere eine engere Bindung an den Partner entwickeln. Besonders bei Arten, bei denen die Männchen an der Aufzucht der Jungen beteiligt sind, ist seine „bindende Wirkung" von Bedeutung. Auch beim Menschen spielt Oxytocin eine Rolle bei sozialen Bindungen.

ÜBER WASCHBÄREN

Die Geschichte des Waschbären in Deutschland ist eine ausgemachte Erfolgsgeschichte. Allein die Streckenentwicklungen belegen dies eindrucksvoll.

Schoss man vor weniger als 30 Jahren kaum 5.000 Exemplare, waren es im Jagdjahr 2023/24 schon knapp 240.000. Ich kann mich noch gut daran erinnern, als die ersten Kleinbären bei uns (Brandenburg) auftauchten. Es war Mitte der 1990er-Jahre. Bei den ersten zunächst vereinzelten Fängen und Abschüssen handelte es sich ausschließlich um männliche Stücke. Aber auch später blieb das Verhältnis noch lange zugunsten dieser verschoben. Die Gründe dafür sind verschiedenartig. Ein Grund könnte darin liegen, dass männliche Stücke etwas unvorsichtiger sind. Wie arglos sie sind, wurde mir vor Jahren klar, als wir Waschbären fingen, um sie für ein Forschungsprojekt zu besendern. Eine Situation blieb mir dabei in besonderer Erinnerung. Wir fingen einen etwa dreijährigen Bären, und noch während diesem der Sender angelegt wurde, fing sich ein zweiter Rüde. Dies obwohl die Falle nur wenige Meter von uns entfernt stand.

In den vergangenen drei Jahrzehnten hat sich die Waschbärstrecke in Deutschland vervielfacht.

VOR ALLEM RÜDEN IN WANDERLAUNE

Die viel entscheidendere Ursache für das ungleiche Geschlechterverhältnis liegt aber in dem speziellen Abwanderungsverhalten dieser Spezies. Generell wandert bei nahezu allen Karnivoren bevorzugt das männliche Geschlecht ab, was im Sinne der Inzuchtvermeidung steht. Weibliche Stücke zeigen hingegen eine geringere Neigung zur Abwanderung. Die Besonderheit bei Waschbären besteht darin, dass sie keine oder nur sehr geringe Abwanderungstendenzen aufweisen. In einer diesbezüglichen Untersuchung fanden Michler & Köhnemann (2009) heraus, dass die durchschnittliche Entfernung bei den Weibchen im Mittel bei lediglich 230 Metern lag! Männliche Stücke entfernen sich demgegenüber im Allgemeinen zwischen 10 und 20 Kilometer von ihren Aufwuchsorten. Es sind aber auch extreme Distanzen von bis zu 285 km belegt. Die Abwanderung der Waschbären beginnt je nach körperlicher Verfassung bereits im Alter von einem halben Jahr. Andere Exemplare können bereits über zwei Jahre alt sein, ehe sie das heimische Revier verlassen. Ausgehend von einem durch Waschbären bereits besiedelten Bereich findet also ein dauerhafter Abstrom von Männchen statt. Bei der Abwanderung selber kann man verschiedene Typen feststellen. Oft pendeln die Männchen noch eine Weile zwischen den neuen Gefilden und dem elterlichen Revier. Es dauert häufig Wochen bis die endgültige Abnabelung vollzogen ist. Sehr selten gibt es aber auch Exemplare, die von einem Tag auf den anderen abwandern und nie wieder in das Gebiet zurückkehren, in dem sie aufgewachsen sind. Die Weibchen hingegen bleiben in unmittelbarer Nähe zu ihrem eigenen Wurfplatz. Dies ist auch der Grund, warum zwischen der Erstankunft eines männlichen Waschbären in einem Gebiet und der ersten Reproduktion oft Jahre oder gar Jahrzehnte vergehen. Ist ein Revier einmal mit Waschbären besiedelt, können dann (je nach Lebensraumbedingungen) teilweise sehr hohe Dichten erreicht werden. Dabei gilt die einfache Formel: je günstiger die Nahrungsverfügbarkeit, desto höher die Dichten. Im Solling wurden zum Beispiel Dichten von 1–2 Tieren pro 100 ha festgestellt. Im Bereich der Müritz lagen die ermittelten Dichten mit 4–6 Stück mehr als doppelt so hoch. Sehr hohe Dichten von bis zu 150 Waschbären pro 100 ha werden unter sehr günstigen Nahrungsbedingungen in der Stadt erreicht. Dort ist Nahrung im Überfluss vorhanden und leicht verfügbar.

Weibliche Waschbären sind außerordentlich standorttreu und wandern nur selten viele Kilometer von ihrem Aufwuchsort ab.

In städtischen Bereichen ist das Nahrungsangebot für die schlauen Kleinbären sehr groß.

ENG VERBANDELT ODER LOCKER GRUPPIERT

Waschbären leben entgegen der weitverbreiteten Auffassung im Allgemeinen nicht einzelgängerisch. Grundsätzlich ist herauszustellen, dass sie ein flexibles Sozialverhalten aufweisen, das immer von den räumlichen Bedingungen abhängt.

Rund acht Wochen lang sind die Jungwaschbären an ihre Wurfhöhle gebunden.

Nachdem die Jungbären die Wurfhöhle verlassen haben, ziehen sie den Sommer über mit dem Muttertier umher.

Das bedeutet, dass sie sich in sehr kargen und ausgeräumten Landschaften anders sozial organisieren als in üppigen Habitaten. Für unsere Offenlandschaften können wir im Allgemeinen von drei verschiedenen sozialen Gruppen ausgehen. Zunächst sind da die sehr engen Mutter-Kind-Verbindungen zu nennen. Nachdem die Fähe nach etwa acht Wochen mit den Jungtieren aus der Wurfhöhle ausgezogen ist, ziehen diese geschlossen durch ihre Reviere. Bis in den Herbst hinein ist diese Konstellation so anzutreffen, danach löst sich diese Verbindung.
Neben diesen zumindest temporär sehr engen Verbänden existieren auch mehr oder weniger enge Kontakte zwischen den weiblichen Stücken eines Bereiches. Oft handelt es sich dabei um verwandte Tiere, die teilweise zusammen an Nahrungsgründen anzutreffen sind. Zum Teil ziehen sie auch gemeinsam umher und teilen sich ihre Schlafhöhlen. Diese Verbindung ist aber deutlich lockerer als die Vorgenannte. Anders als bei anderen Karnivoren existieren aber auch Koalitionen zwischen Rüden. Oft bilden sich dabei Duos heraus, es können aber auch drei oder vier Rüden sein, die gemeinsam durchs Revier streifen. In selteneren Fällen bilden sich auch Gruppen aus bis zu sechs Tieren. Ihre Streifgebiete überlappen sich dabei zu etwa drei Vierteln. Nicht selten teilen sie sich auch die gleichen Schlafplätze. Immerhin etwa ein Drittel aller Übernachtungen finden an den gleichen Plätzen statt. Zum Vergleich werden die Schlafplätze nur in ein bis drei Prozent der Fälle mit Fähen geteilt. Die große Frage ist jedoch, warum es zu derartigen Koalitionen unter den Männchen kommt. Der Nahrungserwerb scheidet aus, da etwaige Beutetiere so klein sind, dass sie problemlos auch allein überwältigt werden können. Tatsächlich wird der Grund dieser Verbindungen darin gesehen, dass die Zusammenarbeit sinnvoll ist, um sich Zugang zu Weibchen

zu verschaffen. Zu erwähnen ist an dieser Stelle auch, dass sich in diesen Allianzen klare Rangordnungen ausbilden. Dabei hat der am höchsten stehende Rüde die größte Aussicht auf Vaterschaften. Zudem bietet sich die Gelegenheit, bessere Plätze in der Hierarchie durch den Tod älterer Rüden zu erben und so die eigenen Möglichkeiten zu verbessern.

TERRITORIAL, ABER NUR, WENN ES SICH LOHNT

Es ist allerdings darauf hinzuweisen, dass diese Verbindungen erst ab einer gewissen Dichte überhaupt entstehen. Handelt es sich um eher ausgeräumte Landschaften mit einer geringen Nahrungsverfügbarkeit, dann sind die Besatzzahlen gering. Unter diesen Umständen lohnt es sich für die Rüden nicht, diese Verbindungen einzugehen. Sie leben dann einzelgängerisch. Dies hat auch Auswirkungen auf die Territorialität. Denn sind die Streifgebiete sehr groß, kann ein Bereich nicht effizient verteidigt werden. Sind die Lebensräume jedoch potenter und es stellen sich höhere Dichten ein, kommt es zu einer intrasexuellen Territorialität. Vor allem männliche Waschbären verteidigen dann also ihre Gebiete gegen Geschlechtsgenossen.

NAHE VERWANDTE

Waschbären entwickelten sich vor etwa 2,5 Millionen Jahren. Sie gehören systematisch gesehen zu den sogenannten Kleinbären. Mit den Bären (*Ursidae*) sind sie jedoch nur sehr weitläufig verwandt. Gewisse Parallelen in der Gestalt gehen eher auf ähnliche Lebensweisen zurück. Tatsächlich stehen die Kleinbären mit den Mardern (Stein- und Baummarder) in einem Schwestergruppenverhältnis. Selbst Robben und Kleine Pandas sind mit dem Waschbär enger verwandt als die eigentlichen Bären.

Trotz der Namensähnlichkeit sind Waschbären eher mit Mardern als mit den echten Bären verwandt.

DIE DICHTE MACHT'S

Grundsätzlich tritt Territorialität unter zwei Bedingungen auf. Entweder gilt sie dem Ausschluss von sexuellen Konkurrenten oder der Monopolisierung von Ressourcen. Dabei ist oft festzustellen, dass Tierarten nicht per se territorial oder nichtterritorial sind. In der Regel ergibt sich die Territorialität dann, wenn der Lohn für sie größer ist als die dafür entstehenden Kosten. In Fütterungsexperimenten an Bachstelzen konnte zum Beispiel gezeigt werden, dass diese zur Territorialität übergehen, wenn ihnen lokal gehäuft Futter angeboten wird. Sie tun dies allerdings nicht, wenn dieses verteilt wird. Es ist dabei erstaunlich, dass die Tiere zumeist exakt dann ihr Verhalten ändern, wenn es aus energetischer Sicht auch Sinn macht.

WER PLÜNDERT HIER DIE GELEGE?

Wenn hierzulande über Raubwild gesprochen wird, stellt sich fast immer auch die Frage nach dessen Einfluss auf unser Niederwild und dabei spielt inzwischen auch der Waschbär eine Rolle. Tatsächlich geraten neben Hase und Feldhuhn zunehmend auch unsere Wasservögel unter Druck. Ein deutliches Indiz dafür ist der Rückgang der Entenstrecke, die sich in den vergangenen 20 Jahren etwa halbiert hat.

Die Ursachen für diesen Rückgang sind natürlich komplex. Zu den wichtigen Faktoren gehören u. a. Jagdverbote im Zusammenhang mit der Vogelgrippe sowie ein veränderter jagdlicher Fokus. Darüber hinaus spiegelt sich der Verlust geeigneter Lebensräume in den rückläufigen Beständen deutlich wider. Ein weiterer unstrittiger Einflussfaktor sind Verluste durch Beutegreifer.

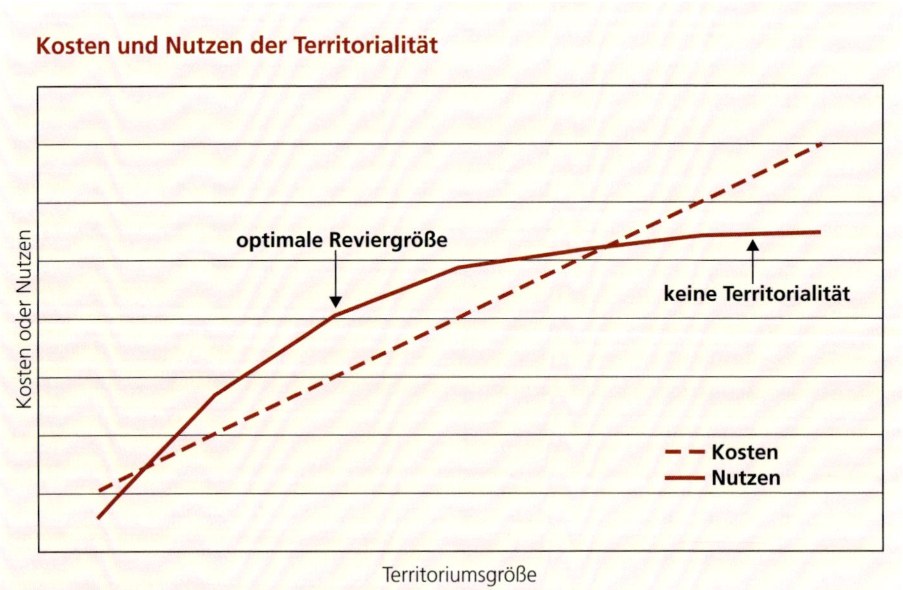

Hoher Nutzen bei geringen Kosten ergeben die optimale Reviergröße – wenn der Aufwand zur Verteidigung eines Reviers größer ist als sein Nutzen, wird die Territorialität aufgegeben. In ausgeräumten Landschaften ist dies oft der Fall, weil die Reviere dann schlicht zu groß sind/wären. Die optimale Reviergröße ist dann erreicht, wenn zwischen Aufwand und Nutzen das günstigste Verhältnis besteht.

Waschbären sind Gelegeräuber. Dabei sind die Verlustraten artabhängig unterschiedlich.

Auch wenn diese Verluste bis zu einem gewissen Grad von den betroffenen Arten kompensiert werden können, kann der Prädationsdruck zu einer signifikanten Verschlechterung des Bruterfolgs führen. Dies hat langfristig Auswirkungen auf die Entwicklung stabiler Brutbestände und wird teilweise bereits als zentrales Problem im Artenschutz betrachtet (Tolkmitt et al. 2012).

SPÜRBARER PRÄDATORENEINFLUSS

Um die Zusammenhänge beurteilen zu können, wurde in einer mehrjährigen Untersuchung die Wirkung von Prädatoren auf Wasservogelarten analysiert (Stier et al. 2005). Ziel der Studie war es zunächst, die prädationsbedingten Verluste im Untersuchungsgebiet zu ermitteln. Dazu wurden Gelege von Wasservögeln lokalisiert und mit Kamerafallen ausgestattet, um den Einfluss von Beutegreifern auf die Nester zu dokumentieren. Die Kameras zeigten, dass die Prädationsraten je nach Art variieren. Bei der Blässralle wurden 39 Prozent der Nester von Räubern aufgesucht, wobei nahezu drei Viertel dieser Nester vollständig zerstört wurden. Die höchsten Gelegeverluste wurden bei Stock- und Reiherenten beobachtet, deren Nester zu 92 Prozent geplündert wurden – in nur zwei der 26 untersuchten Nester schlüpften Junge. Wichtig zu erwähnen ist, dass die Untersuchung ausschließlich die Verluste an den Nistplätzen erfasste und die Kamerafallen dabei auch die Gelegeräuber identifizieren konnten.

Der Mink ist bei Wasservogelarten häufig der einflussreichste Nesträuber.

Der Mink wurde als Hauptverursacher ausgemacht, da er für 30 Prozent der Verluste verantwortlich war. Weitere Raubsäuger (16 Prozent), Schwarzwild und Krähen (jeweils 12 Prozent) trugen ebenfalls signifikant zur Zerstörung der Nester bei. Um die Datenlage zu verbessern und repräsentativere Einblicke zu gewinnen, wurde die Untersuchung in den folgenden Jahren fortgesetzt. Am Ende konnten 327 Nester verschiedener Wasservogelarten untersucht und ausgewertet werden.

Dabei zeigte sich, dass der Höckerschwan mit 91 Prozent den höchsten Bruterfolg aufwies. Graugänse und Blässrallen erzielten Bruterfolge von 54 beziehungsweise 51 Prozent. Dagegen hatten Taucher und Enten mit 27 und 14 Prozent nur sehr geringe Bruterfolge. Die Unterschiede im Bruterfolg zwischen den Arten lassen sich vermutlich auf unterschiedliche Feindvermeidungsstrategien zurückführen. Während Schwäne sich aktiv wehren und ihre Gelege sowie den Nachwuchs gemeinsam bewachen, ist der Entennachwuchs relativ schutzlos. Die Hauptstrategie der Enten besteht darin, unentdeckt zu bleiben – was bei einer hohen Zahl an Beutegreifern jedoch deutlich erschwert wird. Anhand dieser Ergebnisse schlossen die Wissenschaftler, dass der Verlust bei Höckerschwan und Blässralle durch eine hohe Reproduktionsrate kompensiert werden kann. Bei den Entenarten war der Verlust jedoch so hoch, dass er nicht ausgeglichen werden konnte. Neben anderen Raubsäuger, Wanderratten, Rabenvögeln und Greifen wurde der Mink als Hauptverursacher für die Verluste an den Stockentennestern identifiziert, wobei bis zu 56 Prozent der Brutverluste auf ihn zurückzuführen waren.

Ein Vergleich mit einer weiteren Untersuchung, in der künstlich angelegte Nester mit Hühnereiern überwacht wurden, zeigte, dass auch andere Prädatoren nennenswerte Verluste verursachen können (Marczian 2016). In diesem Fall trat der Waschbär mit 86 Prozent als Hauptprädator auf.

Höckerschwäne scheinen ihr Gelege gut zu verteidigen. Die Gelege werden deutlich weniger prädiert als die anderer Wasservogelarten.

Sieht sicher aus, ist es aber häufig nicht. Die Gelege von Flussseeschwalben zeigen zum Teil hohe Prädationsraten.

JAGEN FÜR DEN ARTENSCHUTZ

Interessant ist auch die Tatsache, dass es im Mittel nur etwa 11,5 Stunden dauerte, bis ein Nest durch einen Beutegreifer entdeckt wurde. Neben Waschbären traten Füchse als Gelegeräuber in Erscheinung. Da diese Ergebnisse nicht ohne Weiteres auf natürliche Gelegeverluste übertragen werden können, wurde zusätzlich der tatsächliche Bruterfolg von Enten im Gebiet ermittelt. Das alarmierende Ergebnis war, dass auf einem repräsentativen Ausschnitt des Teichgebietes keine Jungen führenden Enten beobachtet werden konnten. Hohe Verluste waren auch bei anderen Wasservogelarten nachweisbar. So wurde festgestellt, dass die Brut einer Flussseeschwalben- und Lachmöwenkolonie, die auf einem künstlich angelegten Nistfloß brüteten, vollständig zerstört wurde. Waschbären hatten die Flöße schwimmend erreicht und geplündert. Dies gelang, obwohl Koloniebrüter über aggressive Verteidigungsstrategien verfügen. Diese gegen heimische Prädatoren etablierten Verteidigungsmechanismen scheinen bei Neozoen nicht oder weniger effizient zu wirken. Erst die Installation einer stromführenden Litze sorgte ab der Folgesaison für erfolgreiche Bruten der beiden Arten. Um den Prädationsdruck zu senken, begann man in der Mecklenburger Studie in einer zweiten Phase der Untersuchung, Beutegreifer zu bejagen (Stier et al. 2011). Dabei wurde verstärkt auf die Fallenjagd gesetzt. Insgesamt konnten Jäger in einem 20-monatigen Zeitraum 174 Stück Raubwild fangen beziehungsweise erlegen. Im Ergebnis zeigte sich eine deutliche Entlastung für das Wasserwild. Nach der Maßnahme wurde „nur" noch etwa die Hälfte der Entennester durch Beutegreifer zerstört, nachdem die Verlustraten in den Jahren zuvor zwischen 85 und 100 Prozent lagen. Auch bei anderen Arten wurde ein positiver Effekt deutlich. Lagen die Verluste bei der Graugans vor der Bejagung bei über 50 Prozent, verringerten sich diese auf etwa 20 Prozent. Von den acht überwachten Blässrallennestern wurden sieben erfolgreich bebrütet. Bei den Höckerschwänen waren keine Verluste mehr festzustellen.

Waschbären sind sehr gute Schwimmer. Auf diese Weise erreichen sie auch auf Flößen errichtete Nester.

LEBENSRAUMVERLUST UND PRÄDATION

Die negative Besatzentwicklung zahlreicher Wasservogelarten dürfte demnach neben dem anhaltenden Verlust an Lebensräumen auch auf hohe Beutegreiferverluste zurückzuführen sein. Neben den heimischen Prädatoren haben sich in der jüngeren Vergangenheit zunehmend Neozoen etabliert, was den Druck auf ihre Beutetiere zusätzlich erhöht. Unter normalen Umständen sind Vogelpopulationen in der Lage, verhältnismäßig hohe Prädationsraten auszuhalten, ohne dass eine nachhaltige Abnahme feststellbar wird. Als Faustzahl gilt, dass etwa die Hälfte aller Brutversuche scheitert, wobei dies in über drei Viertel der Fälle auf Prädation zurückzuführen ist. Der Prädationsdruck dürfte in einigen Bereichen gegenwärtig jedoch so hoch sein, dass er kaum dauerhaft kompensiert werden kann. Die Situation wird durch zahlreiche Zugvögel, von denen wir jagdlich profitieren, etwas ausgeglichen. Inwieweit also bereits jetzt in den eigenen Brutvogelbesatz eingegriffen wird, ist schwer zu beurteilen und Aufgabe weiterführender Untersuchungen. Ohne sich für einen Feldzug gegen Beutegreifer auszusprechen, belegen die Versuche jedoch auch, dass mit der Raubwildjagd eine spürbare Entlastung für unser Wasserwild und weitere Arten gewährleistet werden kann.

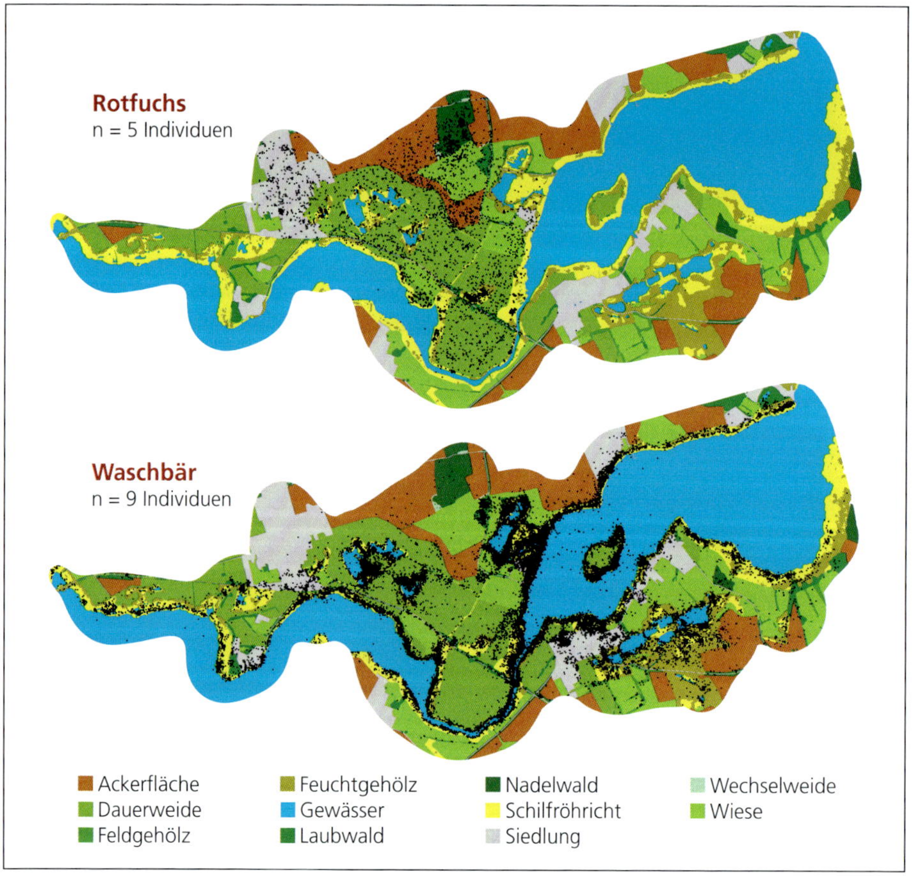

Raumnutzung von Füchsen und Waschbären. Während die Füchse präferiert die Feldflächen aufsuchten, waren die Waschbären an den Gewässerrändern aktiv (Fiderer 2019).

Mit den Vorderläufen können Waschbären Erstaunliches bewerkstelligen. Kaum ein Ort ist vor ihnen sicher.

SCHLAFPLÄTZE & LATRINEN

Alle Waschbären eines bestimmten Territoriums stehen durch Latrinen oder gemeinsame Schlafplätze in direktem oder indirektem Kontakt miteinander. Ein Waschbär hat etwa zehn verschiedene Haupt- und Nebenschlafplätze. Hauptschlafplätze zeichnen sich dadurch aus, dass sie von verschiedenen Tieren verstärkt genutzt werden. Grundsätzlich werden bei der Schlafplatzwahl Bäume präferiert, wobei Eichen aufgrund ihrer guten Klettereigenschaften bevorzugt werden. Aber auch erdgebundene Verstecke oder Baue von Füchsen und Dachsen können als Schlafplätze genutzt werden. Wichtig ist, dass Schlafplätze und Latrinen dem internen Informationsaustausch dienen. Die Tiere nutzen diese Orte, um Botschaften über Nahrungsquellen sowie ihren sozialen und sexuellen Status auszutauschen.

MIT KÖPFCHEN

Waschbären gelten als besonders einfallsreich – und genau das wurde in einer spannenden Studie bestätigt. Mit raffiniert konstruierten Puzzle-Kästen testeten Forschende, wie wild lebende Waschbären in Städten Probleme lösen. Dabei zeigte sich: Vor allem ältere Tiere und solche mit vielfältigem Erkundungsverhalten hatten Erfolg. Sie fanden nicht nur einen, sondern gleich mehrere Wege zum Ziel – ein Zeichen für große geistige Flexibilität. Interessant war auch, dass sich die Lösungsstrategien zwischen den einzelnen Tieren stark unterschieden, besonders wenn Konkurrenz ins Spiel kam. Und: Wenn leichtere Lösungen eingebaut waren, konnten auch weniger erfolgreiche Waschbären dazulernen und schwierige Aufgaben knacken. Die Studie liefert spannende Einblicke in die erstaunlichen Anpassungsfähigkeiten dieser cleveren Stadtbewohner.

ÜBER DACHSE

Einst selten geworden, ist der Dachs heute wieder deutlich häufiger zu beobachten.

In den 1970er-Jahren galt er in Deutschland beinahe als Symbol des Artenrückgangs: Intensive Fuchsbaubegasungen zur Bekämpfung der Tollwut hatten die Bestände drastisch dezimiert, sodass die jährliche Dachsstrecke Ende des Jahrzehnts gerade einmal etwa 5.000 Tiere betrug. Heute, rund fünf Jahrzehnte später, hat sich die Lage erfreulich gewandelt: Der Dachsbestand hat sich erkennbar erholt. Mit einer aktuellen Strecke von über 80.000 Tieren ist diese Art inzwischen wieder nahezu flächendeckend in Deutschland verbreitet.

Einst wurden Erdbaue aufgrund der Tollwut begast. Die Dachsbestände sanken dabei drastisch ab.

ERDMARDER MIT FAMILIENSINN

Von allen Räubern im Land ist der Dachs in Sachen Nachwuchs am zeitigsten an der Reihe. Die zunächst rein weiß behaarten und wenig an ihre spätere Zeichnung erinnernden Jungdachse entwickeln sich in den ersten Lebenswochen jedoch nur zögerlich.

Erst mit einem Alter von rund 2,5 Monaten verlassen Jungdachse erstmalig den schützenden Bau.

Erst nach etwa einem Monat öffnen sich ihre Augen und etwa zweieinhalb Monate wird es dauern, bis sie zum ersten Mal den schützenden Bau verlassen. Dieser wird auch in den kommenden Monaten und über ihr gesamtes Leben hinweg eine sehr zentrale Rolle übernehmen. Denn anders als beim Fuchs spielen die Baue über das gesamte Jahr hinweg eine sehr wichtige Rolle bei den Dachsen. Nicht grundlos nannte man ihn früher deshalb auch „Erdmarder".

MY HOME IS MY CASTLE

Jede Dachsfamilie verfügt über einen Hauptbau und ein oder mehrere Nebenbaue. In den Bauen befinden sich jeweils mehrere Schlafkammern. Diese werden mit Gras und Moos ausgepolstert, wobei das Polstermaterial zur Reinhaltung im Frühjahr sogar ausgetauscht wird. Häufig werden die jeweiligen Schlafstätten der Dachse im Jahresverlauf durchgewechselt. In den wärmeren Jahreszeiten zieht es Grimbart vor, allein zu schlafen. Lediglich in den Wintermonaten sind mehrere Tiere in einer Schlafkammer anzutreffen, was dem Wärmeverlust entgegenwirkt.

Die Nutzung der Nebenbaue erfolgt durch die einzelnen Clanmitglieder individuell sehr unterschiedlich (Roper 1992). Während einige Familienmitglieder niemals in Nebenbauen übertagen, nutzen andere diese zumindest zeitweise als Tagesversteck. Teilweise kann sich bei einigen Clanmitgliedern eine derart hohe Bindung an die Nebenwohnstätte ausbilden, dass dort sogar die Jungen zur Welt gebracht werden.

VOM BAU ZUR BURG

Der Dachs ist, was seinen Bau anbetrifft, ein konservatives Tier. Ist ein Bau einmal bezogen, wird er im Allgemeinen auch ein Leben lang bewohnt. Auch die nachfolgenden Generationen scheinen im besonderen Maß auf ihre Baue geprägt zu werden. Dieser Effekt führt dazu, dass Baue oft über Generationen

Einmal bezogen, wird der Bau vom Dachs in der Regel das ganze Leben lang genutzt.

weitervererbt werden. Über 30 Röhren können derartige Anlagen dann haben. In Estland ist sogar ein Bau mit 78 Ein- bzw. Ausgängen bekannt. Eine wahrhaftige Burg und die größte jemals dokumentierte Bauanlage befindet sich in England. Sie verfügt über 178 Röhren. Bei einer unterirdischen Gesamtlänge von 879 Meter verfügt sie über 70 Kammern. Derartige Burgen sind in der Regel Jahrzehnte, manchmal sogar Jahrhunderte alt. Einen bemerkenswerten Fund machte man bei einer Dachsburg in Norddeutschland. Dort fand man Reste von Schlangen- und Froscharten, die es in der betreffenden Region schon lange nicht mehr gibt. Bei einer Analyse fand man heraus, dass einige Knochenreste sogar aus der Eiszeit stammten. Dies lässt die Vermutung zu, dass einzelne Burgen sogar über mehrere tausend Jahre bestehen können.

BURGFRIEDE

Insbesondere bei diesen Großbauen besteht eine erhöhte Wahrscheinlichkeit, dass dort zeitgleich verschiedene Arten leben. Dies kommt insbesondere dann vor, wenn einzelne Teile der Burg separiert sind. Ein nicht seltener Untermieter des Dachses ist dann der Fuchs. Vom Marderhund ist bekannt, dass er den gleichen Bau zusammen mit dem Dachs als Winterschlafplatz nutzt. Sehr wahrscheinlich wird dieses Verhalten davon begünstigt, dass Marderhunde durchschnittlich etwa zwei Wochen später mit dem Winterschlaf beginnen und ihn auch früher wieder beenden. Seltener und deutlich ungewöhnlicher sind verbürgte Vergesellschaftungen mit Brandgans und Wildkaninchen. Zwischen allen beteiligten Parteien herrscht Burgfriede, das heißt, dass sich die Bewohner im und am Bau nicht gegenseitig angreifen. Dies darf jedoch nicht zu der Annahme verleiten, dass sich Dachse anderen Prädatoren gegenüber stets friedfertig verhalten. Fälle, in denen es beispielsweise zu gegenseitigen Tötungen zwischen Dachs und Fuchs kam, sind in der Wissenschaft seit Langem beschrieben (Palomares & Caro, 1999).

MIT FAMILIENSINN

Lange Zeit nahm man an, dass Dachse weitgehend einzelgängerisch leben. Tatsächlich trifft man Dachse bei ihren Streifzügen auch häufig allein an. Durch neue Techniken konnte jedoch herausgefunden werden, dass Dachse in Wahrheit einen sehr intensiven sozialen Umgang pflegen. Ihre Verbände, die sogenannten Clans, sind in ihrer Zusammensetzung mit denen der Wölfe vergleichbar. Denn neben den Elterntieren und ihren Jungen werden auch die subadulten Tiere des vorherigen Jahres im Revier geduldet. Darüber hinaus existieren auch Familienverbände, die aus mehreren erwachsenen Tieren bestehen. In einer britischen Untersuchung fanden sich Gruppenstärken von durchschnittlich neun adulten Tieren (Rodgers et al. 1997). Neuere Untersuchungen konnten Gruppengrößen von bis zu 30 Tieren nachweisen. Erstaunlicherweise

Marderhunde nutzen gelegentlich denselben Bau wie Dachse als Winterschlafplatz.

Vergesellschaftungen mit Wildkaninchen oder Brandgänsen und Dachsen in einem Bau kommen selten vor.

kann es dann auch dazu kommen, dass zwei oder mehrere Fähen eines Verbandes reproduzieren.

Die Hierarchie in diesen Clans ist streng geregelt. Alle weiblichen Tiere haben einen höheren Rang als die Rüden. Unter den Weibchen sind die reproduzierenden Fähen die ranghöchsten. Die Rangfolge im Verband hat verschiedene Konsequenzen. So findet gegenseitige Fellpflege, die zu den zentralen Elementen des Soziallebens dieser Großfamilien gehört, in unterschiedlicher Intensität statt. Ranghöhere kommen deutlich häufiger in den Genuss dieser „Sozialleistung". Um Familienmitglieder schneller identifizieren zu können, haben Dachse ein besonderes Erkennungsmerkmal. Durch gegenseitiges Markieren werden Familienmitglieder deutlich schneller erkannt. Besonders auffällig wird dies, wenn sich Mitglieder eines Clans begegnen. Während sie sich optisch erst im unmittelbaren Nahbereich erkennen, ist dies bei günstigem Wind schon aus der Ferne möglich.

DICHTEN

Die Reviere der Dachse können sehr unterschiedlich groß sein. Dabei gilt die einfache Regel: je mehr Nahrung der Lebensraum zur Verfügung stellt, desto kleiner sind die Reviere. Während also die Territorien in ausgeräumten Bereichen schnell mehrere hundert oder gar tausend Hektar groß sein können, schrumpfen die Territorien in potenten Lebensräumen auf unter 50 ha zusammen. Gleichzeitig kann es dann zu enormen Dichten von bis zu 25 Dachsen/100 ha kommen. Üblicherweise liegen die Populationsdichten mit 1–2 Stücken/100 ha jedoch deutlich darunter. Neben dem Faktor Nahrung sind geeignete Baustandorte eine limitierende Größe für den Dachs. Dazu werden in der Regel Waldlagen bevorzugt, aber auch Hecken und Gebüschstreifen können in Ermangelung an Wald als Standorte genutzt werden. Sind keine freien Baustandorte vorhanden, ist die Tragfähigkeit eines Lebensraumes erreicht, auch wenn er ausreichend Nahrung liefert.

STRENGE GRENZEN

Der Dachs gehört zu den territorial lebenden Arten. Unter den Nachbarn werden die Revierverhältnisse bzw. -grenzen unter anderem mithilfe von Latrinen gesetzt. Diese haben üblicherweise einen Durchmesser von etwa 15 cm. Neben Losung setzt der Dachs auch Urin zur Reviermarkierung ein. In einem sehr interessanten wissenschaftlichen Experiment injizierte man besenderten Tieren fluoreszierende Substanzen, die mithilfe von UV-Licht sichtbar gemacht werden konnten. Dabei stellte sich heraus, dass die Hälfte der Urinmarkierungen in der Nähe der Latrinen abgesetzt wurden. Den anderen Teil fand man an markanten „crossing points" (Kreuzungspunkten). In der Regel werden dazu markante Geländeelemente wie Wege, Hecken und Waldränder genutzt. Diese dienen offenbar des Austausches an Informationen.

Dachse markieren die Grenzen ihres Reviers permanent. Kommt es dazu, dass rudelfremde Tiere eindringen, wird das eigene Territorium aggressiv verteidigt. Bei derartigen Auseinandersetzungen können sich Dachse gegenseitig zum Teil klaffende Wunden beibringen. Revierlose Dachse werden dabei stets vehementer verfolgt als Reviernachbarn. Derartige Kämpfe können sogar tödlich enden. Auseinandersetzungen zwischen Clanmitgliedern werden unter dem Aspekt der Rangordnung geführt. Kämpfe zwischen den Geschlechtern sind dabei selten zu beobachten. In der Regel werden sie unter Geschlechtsgenossen geführt. Grundsätzlich sind stabile Dominanzverhältnisse sehr wichtig für ein geregeltes Familienleben. Besonders deutlich werden die hierarchischen Verhältnisse, wenn es um Nahrung geht. Beansprucht die ranghöchste Fähe einen Nahrungsbrocken, wird ihr dieser von den anderen Tieren widerstandslos überlassen.

Dachse setzen ihre Losung in sogenannten Latrinen ab.

STADTDACHSE

Dachse gehören zu den sogenannten philopatrischen Arten. Das bedeutet, dass die neue Generation eine hohe Bindung an das elterliche Territorium aufweist. Dennoch konnten in den zurückliegenden Jahren zunehmend auch Eroberungen neuer Lebensräume festgestellt werden. Einer davon scheint Dachse auch zunehmend in die Stadt zu führen. Waren sie in verschiedenen Großstädten vor zwanzig Jahren nur an den Stadträndern nachzuweisen, kommen sie nun auch vermehrt in zentraleren Lagen vor. Britische Kollegen fanden heraus, dass die Territorien der Stadtdachse in der Regel extrem klein sind. Oft reichen ihnen Flächen von unter zehn Hektar. In einer britischen Untersuchung konnte eine Dachsfähe besendert werden, die über einen mehrmonatigen Zeitraum eine Fläche von lediglich 100 × 200 m (2 ha) nutzte. Die Tiere profitieren dabei erheblich von der englischen Tierliebe. Denn Umfragen zufolge füttern 10 % aller Briten wild lebende Tiere.

Dachsfett wird bis heute als Naturheilmittel eingesetzt. Seine Wirkung ist sogar belegbar. Die enthaltenen Corticosteroide haben eine ähnliche Wirkung, wie leichte Kortisonsalben.

Innerhalb von Siedlungsbereichen sind die Territorien von Dachsen häufig nur wenige Hektar groß.

ABWANDERUNG

Dachse zeigen bei mittleren und hohen Dichten eine geringe Tendenz zur Abwanderung. Kommt es dennoch dazu, überbrücken die Wanderer oft nur geringe Distanzen. Nicht selten wechseln sie einfach nur in ein benachbartes Territorium. Bemerkenswert ist dabei, dass sie dann Teil eines anderen Dachsclans werden. Die Abwanderung kann dabei als ein sehr allmählicher Prozess aufgefasst werden. Die Tiere pendeln zunächst nachts in das neue Territorium. Erst nach einer gewissen Phase beginnen sie gelegentlich auch die Tage dort zu verschlafen.

VERWANDTSCHAFT

Der Dachs wurde ursprünglich den Bären zugeordnet. Heute wird er jedoch zu einer Gattung gestellt, die vier Arten umfasst: neben dem Europäischen Dachs auch der Asiatische, der Transkaukasische und der Japanische Dachs. Die engsten Verwandten der Dachse sind die Echten Marder. Obwohl der Marderhund dem Dachs von der Gestalt her ähnelt, sind diese näher mit den Füchsen verwandt.

FREMDGEHEN

Dachse haben interessante Fortpflanzungsstrategien. Die Leitfähe des Verbandes paart sich mit verschiedenen Rüden des Verbandes. Damit sichert sie sich die Unterstützung aller Rudelmännchen bei der Aufzucht der Jungdachse. Denn keiner der Männchen weiß, ob er der Vater der Jungen ist. Auch dem sogenannten Infantizid (Kindestötung) wird dadurch effektiv entgegengewirkt. Bei genetischen Untersuchungen konnte herausgefunden werden, dass sich die Fähen sogar mit rudelfremden Männchen einlassen. Der Anteil von durch rudelfremde Rüden produzierte Würfe ist bei Stadtdachsen relativ hoch (Huck et al. 2008). Außerfamiliäre Kopulationen kommen jedoch auch auf dem Lande regelmäßig vor. Sie dienen der Durchmischung von Erbanlagen und tragen damit auch zur Gesunderhaltung bei.

ABWANDERUNGEN

Bezüglich des Abwanderungsverhaltens weist der Dachs einige Besonderheiten auf. Denn anders als bei anderen Säugern kommen diese über das gesamte Jahr hinweg und bei beiden Geschlechtern vor. Bemerkenswert ist ebenfalls, dass die Abwandernden nicht nur Jährlinge sind, sondern auch zu einem bestimmten Anteil mehrjährig sein können. Die „Abnabelung" dauert meist mehrere Wochen oder gar Monate. Zunächst wird dabei das neue Territorium erkundet. Im Verlauf kommt es dann dazu, dass die Tage vereinzelt in der Fremde verbracht werden. Erst nach vielem Pendeln wird das alte Revier dauerhaft verlassen. Oft sind die Abwanderungsdistanzen von Dachsen überwiegend gering. Entfernungen von über fünf Kilometern kommen nur selten vor. Interessant ist, dass die weiter abwandernden Stücke eher weiblich sind (Gaughran et al. 2019).

Bis die Tiere dauerhaft Zeit im neuen Territorium verbringen, kann es bis zu einem halben Jahr dauern. Zumeist begeben sich Dachse dabei allein auf die „Reise". Es gibt aber auch Beobachtungen, die dokumentieren, dass zeitgleich mehrere Dachse auf Wanderschaft gehen. Zumeist erfolgt dies, um die eigenen Fortpflanzungschancen zu erhöhen (*breeding oportunities hypothesis*). Denn es ist die Tendenz feststellbar, dass bevorzugt dann abgewandert wird, wenn bei den Nachbarn entsprechende Lücken entstanden sind.

UMGANG MIT ERLEGTEM RAUBWILD

Die Jagd auf Raubwild bringt ein erhöhtes Risiko für den Kontakt mit potenziellen Zoonoseerregern mit sich, da diese Tiere regelmäßig Träger solcher Krankheitserreger sein können. Besonders Raubwild kann Erreger in sich tragen, die beim

Beim Umgang mit erlegtem Raubwild ist Vorsicht geboten. Panik sollte man sich als Jäger jedoch nicht machen.

direkten Kontakt oder beim Umgang mit erlegtem Wild auf den Menschen übergehen. Studien zeigen in diesem Zusammenhang, dass bei Jägern häufiger Nachweise verschiedener Erreger gefunden wurden – ein klarer Hinweis auf ihr erhöhtes Expositionsrisiko (Deutz et al. 2003). Grundsätzlich ist eine Übertragung auf verschiedenen Wegen möglich: durch Bisse oder Kratzer, durch direkten Kontakt mit Körperflüssigkeiten, über die Ausscheidungen infizierter Tiere oder durch den Verzehr von rohem beziehungsweise unzureichend gegartem Wildfleisch. Besonders riskant ist der Umgang mit Exkrementen, da viele Erreger hierüber verbreitet werden. Daher ist es entscheidend, dass Jäger im Umgang mit Raubwild besondere Vorsicht walten lassen. Dazu gehören das Tragen von Handschuhen, das Vermeiden jeglichen direkten Kontakts mit Körperflüssigkeiten sowie die gründliche Reinigung von Händen und Werkzeugen nach der Verarbeitung. Ein hoher Hygienestandard ist unerlässlich, um das Risiko einer Infektion zu minimieren. Zusätzlich sollte an einen Schutz gegenüber anderen übertragenden Vektoren, beispielsweise Zecken, gedacht werden. Ebenso wichtig ist es, sich regelmäßig über aktuelle Gesundheitsrisiken und die in der jeweiligen Region häufigsten Krankheiten zu informieren.

Trotz dieser Gefahren ist Panik nicht angebracht. Ein verantwortungsvoller Umgang, verbunden mit konsequenten Vorsichtsmaßnahmen, reduziert das Infektionsrisiko erheblich. Bewusstsein und Umsicht sind der beste Schutz – so können Jäger ihre Gesundheit wahren und dennoch sicher und mit Freude jagen und anschließend ihre Beute nutzen.

Wird mit erlegtem Raubwild hantiert, sollten Schutzhandschuhe getragen werden.

HÄUFIGKEIT VERSCHIEDENER ZOONOSE-ERREGER BEI JÄGERN (DEUTZ ET AL. 2003)

ZOONOSEERREGER	ANTIKÖRPER-HÄUFIGKEIT (%)
Borreliose	42
Brucellose	1
Chlamydiose	3
Ehrlichiose	15
Leptospirose	10
Tularämie	3
Encephalomyocarditisvirus	15
Puumala-Hantavirus	10
Newcastle-Disease-Virus	4
E. multilocularis	5
E. granulosus	11
Toxokarose	17

ERFOLGREICHE RAUBWILDJAGD

– aus der Praxis für die Praxis

FUCHSJAGD

Der Fuchs kommt in Deutschland flächendeckend vor. Er ist der Hauptprädator in Niederwildrevieren und sollte deshalb auf unterschiedliche Art und Weise bejagt werden.

JUNGFUCHSBEJAGUNG

Die Jungfuchsbejagung ist die zentrale Maßnahme bei der Fuchsbejagung und entscheidend, um den massiven Einfluss des Fuchses auf Niederwild, Bodenbrüter und andere gefährdete Arten zu reduzieren. Kein anderer Zeitpunkt im Jagdjahr bietet eine vergleichbare Möglichkeit, den Fuchsbesatz wirksam zu regulieren und den Prädationsdruck deutlich zu senken. Die Jungfuchsbejagung ist keine leichte, aber eine unverzichtbare Aufgabe. Sie erfordert Disziplin, Planung, Ausdauer und Verantwortungsbewusstsein. Dabei ist nach Möglichkeit die vollständige Entnahme des Gehecks anzustreben. Halbherzige Maßnahmen führen zu keinem Erfolg. Wer die Jungfuchsbejagung waidgerecht, mit vollem Einsatz und Respekt vor dem Wild betreibt, leistet einen echten Beitrag zum Artenschutz. Sie ist damit mehr als reine Jagdpraxis, sie ist gelebter Naturschutz in seiner wirksamsten Form. Die Aktivität einer Fuchsfähe zur Aufzuchtzeit darf nicht unterschätzt werden. Sie geht zu dieser Zeit auch tagsüber auf Nahrungssuche. Dabei jagt sie systematisch und bevorzugt dort, wo sie bereits Erfolg hatte. Genau deshalb ist es erforderlich, das gesamte Geheck zu entnehmen. Nur dann stellt die

Um den Prädationsdruck höchstmöglich abzusenken, sollte versucht werden, das gesamte Geheck zu entnehmen.

Um die Aktivität am Bau ohne Störung zu überwachen, empfiehlt sich der Einsatz von Wildkameras.

Fähe das Zutragen von Nahrung ein, und nur dann sinkt der Druck auf die Zielarten messbar.

JAGDSTART

Die Jungfuchsbejagung beginnt, sobald die Welpen selbstständig den Bau verlassen und nicht mehr gesäugt werden. In der Regel ist dies ab Mitte April bis Ende Mai der Fall. Eingriffe früherer Art sind nur an Kunstbauanlagen, Durchlässen oder kleinen Ansiedlungsmöglichkeiten wie Reisighaufen möglich. Der Schutz der Elterntiere steht trotz der intensiven Bejagung an erster Stelle. Grundsätzlich findet keine Jagd statt, solange die Fähe noch säugt oder die Welpen nicht selbstständig Nahrung aufnehmen können.

Eine erfolgreiche Jungfuchsbejagung beginnt mit einem über Jahre gepflegten Baukataster, in dem sämtliche mögliche Ansiedlungsorte für Füchse erfasst werden. Beispielsweise Naturbaue, Kunstbaue, Strohmieten, Reisighaufen, Durchlässe, Feldscheunen sowie ruhige, höhergelegene Bereiche wie Wälle oder Hecken werden in einem solchen Dokument erfasst. Diese potenziellen Aufzuchtorte sollten ab April regelmäßig (wöchentlich) kontrolliert werden. Hinweise auf Belegung sind frische Grabspuren, Losung, Federn oder Luderreste vor den Einfahrten. Bereits Ende Februar oder Anfang März werden Naturbaue zur Geheckaufzucht vorbereitet. Eine regelmäßige Kontrolle kann also auch schon zu dieser Zeit erfolgen. Wärmebildgeräte und Wildkameras leisten hierbei wertvolle Unterstützung, da sie Einblicke gewähren, ohne den Bau zu stören. Denn wer zu oft stört, veranlasst manchmal die Fähe dazu, einen anderen Bau aufzusuchen oder wenn die Welpen schon zur Welt gekommen sind, mit dem gesamten Geheck umzuziehen.

Ab Mitte April werden die Welpen zunehmend aktiv und beginnen, den Bau zu verlassen. Spätestens jetzt öffnet sich das Zeitfenster für die gezielte Bejagung. Wer zu spät reagiert, riskiert, dass die Fähe das Geheck verlegt oder die Jungfüchse zu mobil werden, um sie effektiv fangen zu können.

Es kommt auch hin und wieder vor, dass die Fähe mit dem Geheck gezielt zur besten Nahrungsquelle umzieht, wenn die Welpen etwas größer sind. Das sind dann häufig Rapsfelder, kurze Felddurchlässe (Überfahrten) oder Strohmieten.

In einigen Bundesländern genießen Altfüchse neben dem Elterntierschutz zusätzlich eine Schonzeit.

Für den Ansitz am Fuchsbau sollte der Jäger ausreichend Zeit einplanen.

DURCHFÜHRUNG

Die klassische Methode der Jungfuchsbejagung ist der Ansitz am Bau in den Abend- oder frühen Morgenstunden. Dabei ist Geduld gefragt, da sich in der Regel nicht alle Welpen gleichzeitig zeigen. Häufig reicht ein Ansitz nicht aus, um das Geheck vollständig zu entnehmen. Deshalb sollte die Jungfuchsbejagung so vorbereitet werden, dass mehrere Ansitze im Vorfeld eingeplant werden. Unter Berücksichtigung begrenzter zeitlicher Möglichkeiten des einzelnen Jägers, sollte hier direkt mit mehreren Jägern geplant werden. Dennoch kann es vorkommen, dass im Rahmen der Ansitze nicht alle Jungfüchse zur Strecke kommen. In diesem Fall sollte das Fallenjagdequipment bereits parat stehen. Denn es kann durchaus sein, dass die Fähe mit den verbliebenen Welpen umzieht und in Zukunft viel vorsichtiger agiert. Wildkameras mit Funkübertragung helfen, den Aktivitätszeitpunkt genau zu bestimmen und die Jagd gezielt zu planen. Auch dort, wo das Schießen aus Sicherheits- oder Geländegründen nicht möglich ist, wie zum Beispiel an Straßenböschungen oder in Ortsnähe, kommen Jungfuchsfallen zum Einsatz. Diese müssen tierschutzgerecht konstruiert sein und regelmäßig kontrolliert werden. Besonders geeignet sind eckige Jungfuchsfallen mit den Mindestmaßen von einem Meter Länge sowie einem Querschnitt von 25 × 25 Zentimeter.

Es gibt eine Vielzahl von Jungfuchsfallen auf dem Markt. Entscheidend ist neben der Fangraumgröße auch die jeweilige Landesgesetzgebung, denn nicht jede Falle ist in jedem Bundesland erlaubt. Eine verstärkte Klappe, die passende Maschenweite und die Stabilität sind nur einige Faktoren die bei der Fallenauswahl zu beachten sind. Wichtig ist, dass die Fallen nahezu vollständig in die Röhren des Baus eingeschoben werden, sodass sie rundherum mit Steinen, Holz oder Erde abgedichtet werden können. Umgehungsmöglichkeiten werden auf diese Weise vollständig vermieden. Weiterhin sollte der Fangraum vollständig verdunkelt werden. Die Fallklappe sollte leichtgängig zu öffnen sein. Geht sie zu schwer, meiden die Jungfüchse die Falle. Jungfuchsfallen müssen mehrfach täglich kontrolliert werden. Auch hinsichtlich der Kontrolle gelten in jedem Bundesland andere gesetzliche Regelungen. Der Raubwildjäger sollte deshalb vor Jagdbeginn unbedingt einen Blick hierauf werfen. Meiner Meinung nach sollten die Fallen mindestens dreima täglich kontrolliert werden. Vorbeigraben und Umgehungsversuche lassen sich so frühzeitig erkennen.

Ist die Fähe mit im Bau, dauert der Fang der Jungfüchse meist länger, da sie die Welpen

In den Röhren eingebaute Jungfuchsfallen sollten möglichst mit Ankern oder Stangen in der Erde gesichert werden.

nicht zur Falle lässt und häufig über Vorräte im Bau verfügt. Befindet sich die Fähe außerhalb des Baus, lassen sich die Jungfüchse in der Regel schneller fangen. Allerdings besteht in diesem Fall die Gefahr, dass die Fähe sich leichter an der Falle vorbeigraben kann. In solchen Fällen hilft ein altbewährter Trick: Der Jäger sollte eine Jacke oder ein anderes Kleidungsstück von sich selbst nahe des Baus aufhängen. Eine andere Möglichkeit ist die Verwendung von Absperrband. Dieses kann an Bäumen nahe der Röhren befestigt oder knapp über dem Boden aufgespannt werden. Entscheidend ist es, alle Einfahrten zu finden und diese zu versperren. Durch die Kleidungsstücke bzw. das Absperrband wird die Fähe vorsichtiger. Sie nähert sich in der Regel dann nur langsam dem Bau. Um die Aktivität am Bau zu überwachen, empfehle ich den Einsatz einer Wildkamera mit Sendefunktion. Im Falle von Freigrabungsversuchen kann der Jäger so rasch tätig werden. Um den Fang der Jungfüchse zusätzlich zu fördern, kann ein Luderbrocken in die Jungfuchsfallen eingebracht werden. Dieser weckt die Neugier der Welpen und erhöht die Fangwahrscheinlichkeit, ohne sie zu verschrecken.

Befindet sich die Fähe außerhalb des Baus, kann diese durch das Anbringen von Absperrband zur Vorsicht gebracht werden.

AUSRÜSTUNG

Bei der Jungfuchsbejagung sollte das benötigte Equipment griffbereit sein und schon beim Ansitz mitgeführt werden. Fehlendes Werkzeug kann den Erfolg der gesamten Aktion gefährden. Bewährt hat sich dabei folgende Ausrüstung:

- Spaten
- Schaufel
- Hand- oder Motorsäge
- Bretter sowie Steine zum Abdichten
- eckige Jungfuchsfalle (1 m × 25 cm × 25 cm) – Landesgesetze beachten
- Pfähle und Vorschlaghammer
- Taschen- oder Stirnlampe
- Handschuhe
- Bindedraht
- Wiedehopfhaue
- Plane zum Abdunkeln
- Luderbrocken
- Absperrband

FANGVERLAUF UND VERHALTEN DER FÄHE

Nach jedem Fang sollte die Falle wieder fachgerecht eingebaut oder befestigt werden. Es hat sich in der Praxis bewährt, eine Entnahmeklappe in die Jungfuchsfalle einzubauen, um nicht jedes Mal die Falle neu einbauen zu müssen. Die gefangenen Jungfüchse werden mit dem Kleinkalibergewehr oder der Kurzwaffe im Kaliber .22 lfB erlegt. Erst wenn alle Jungfüchse gefangen wurden, wird die Aktion beendet. Die Jungfuchsbejagung darf nur dann erfolgen, wenn zweifelsfrei feststeht, dass die Welpen regelmäßig den Bau verlassen. Der Schutz der Elterntiere ist oberstes Gebot. Jede Maßnahme, die das Leiden der Jungtiere zur Folge hätte, widerspricht der Waidgerechtigkeit und dem Tierschutzgesetz. Der Fang von Jungfüchsen mit der Jungfuchsfalle am Bau endet, sobald die Welpen etwa zwölf Wochen alt sind. Ab diesem Zeitpunkt können die kleinen Räuber mit Kastenfallen in Baunähe oder mit der Waffe bejagt werden. Das Fangen von Jungfüchsen mit Jungfuchsfallen erfordert vom Jäger Verantwortung, Erfahrung und Beobachtungsgabe. Jede Handlung muss gut begründet sein.

Mittels einer Kurzwaffe im Kaliber .22 lfB kann der Fangschuss angetragen werden.

> Der Jäger handelt hier als Bewahrer und Regulierer, nicht als Zerstörer. Denn wer seine Hausaufgaben in der Fuchsbejagung kontinuierlich und verantwortungsbewusst erledigt, wird bereits nach kurzer Zeit Hegeerfolge in seinem Revier beobachten.

LOCK- UND REIZJAGD AUF DEN FUCHS

Die Lock- und Reizjagd gehört zu den faszinierendsten Jagdarten auf den Fuchs. Sie verlangen vom Jäger nicht nur Geduld und Präzision, sondern auch Gespür für Situation und Verhalten des Raubwildes. Der Fuchs reagiert auf akustische und optische Reize aus Neugier, Hunger oder Ranzverhalten und genau das macht diese Jagdart so spannend. Die Wirksamkeit der einzelnen Laute hängt stark von der Jahreszeit ab. In den Sommermonaten ist das Mäuseln die mit Abstand erfolgreichste Reizmethode.

Jungfüchse reagieren in der Regel bei der Reizjagd im Sommer umgehend auf die verlockenden Töne.

Jungfüchse und unerfahrene Rotröcke reagieren extrem neugierig auf die hohen, zitternden Töne, die das Fiepen einer Maus oder eines kleinen Nagers imitieren. Besonders wirkungsvoll ist das Mäuseln, wenn der Fuchs nicht zu weit entfernt ist. Ideal sind hierbei Distanzen bis etwa 150 Meter. Jungfüchse im Juli und August stehen oft ohne Zögern zu, manchmal sogar im Laufschritt. Altfüchse hingegen sind meist vorsichtiger, beobachten länger und laufen manchmal in den Wind, bevor sie zustehen.

IM HERBST

Ab September und in den Herbstmonaten reagiert der Fuchs stärker auf das Vogelangstgeschrei. Diese Laute imitieren einen verletzten Vogel, etwa eine Drossel, und wirken vor allem in strukturreichen Revieren mit Hecken, Feldgehölzen oder Schilfstreifen. Besonders bei leichtem Wind, Nebel oder in der Dämmerung ist das Vogelangstgeschrei ein hervorragender Lockruf.

IM WINTER

In den Wintermonaten, wenn der Energiebedarf hoch ist und die Beute knapper wird, hat neben dem Vogelangstgeschrei auch die Hasenklage ihre stärkste Wirkung. Die tiefen, klagenden Laute eines verletzten Hasen rufen bei Füchsen starke Beutereize hervor. Eine besondere Zeit in der Fuchsbejagung ist die Ranz, die Paarungszeit zwischen Januar und Februar. Jetzt treten Laute auf den Plan, die außerhalb dieser Zeit kaum Wirkung zeigen.

Durch die geringere Nahrungsverfügbarkeit ist die Reizjagd im Winter besonders vielversprechend.

In der Ranz lassen sich Füchse mit vom Jäger imitierten arteigenen Lauten anlocken.

Die Fuchsflöte imitiert den typischen Fähen-Ton – ein hoher, leicht klagender Ruf, der vor allem in klaren Nächten weit trägt. Rüden reagieren darauf territorial oder paarungswillig. Häufig hört man sie antworten, teils mit kurzem Bellen. Füchse antworten oft auf die Flöte, stehen aber nicht immer sofort zu. Sie bleiben stehen, beobachten oder umlaufen das vermeintliche Ziel. Solche Situationen sind für den Jäger besonders spannend.
Wichtig ist, den Ruf nicht zu häufig oder zu laut zu wiederholen. Zwei- bis dreimal locken, dann einige Minuten Ruhe. Zu viel Aktivität wirkt unnatürlich. Der Ranzbeller imitiert das raue, bellende Lautäußern des Rüden während der Ranz (heiseres drei- bis viersilbiges „Hau-Hau-Hau"). Diese Laute sprechen besonders Fähen an, die territorial oder paarungsbereit reagieren. Auch hier sollte sich der Jäger in Zurückhaltung üben: ein oder zwei kurze Serien, dann heißt es abzuwarten. Besonders in stillen Nächten oder bei leichtem Frost trägt der Klang weit und kann Rüden oder Fähen auf mehrere hundert Meter zum Zustehen bewegen.
Auch mit dem Fähenlaut (Ranzschrei) lassen sich in der Ranz Artgenossen heranrufen. Es handelt sich dabei um ein einsilbiges, ebenfalls heiser-schreiendes langgezogenes „Haaaauuu". Beide Laute (Rüde und Fähe) können mit einem Ranzbeller gut nachempfunden werden.
Ein regelmäßiger Fehler bei der Lock- und Reizjagd ist das häufige Spielen der Laute. Wird zu oft gelockt oder gereizt, wirkt dies unnatürlich – schließlich stirbt kein Hase zehnmal in einer Nacht. Langanhaltendes Reizen führt häufig dazu, dass das Raubwild geradezu unvorsichtig anwechselt. Ein anhaltendes imitiertes Klagen suggeriert, dass

Bei der akustischen Lockjagd auf den Fuchs werden arteigene Laute vor allem in der Ranzzeit vom Jäger nachgeahmt. Im Unterschied dazu ahmt der Jäger bei der Reizjagd auf den Fuchs die Laute von potenziellen Beutetieren nach. Beides kann unter Zuhilfenahme von speziellen Instrumenten geschehen.

es sich um einen kleineren Beutegreifer handelt, der seine Beute nicht überwältigen kann. Zustehende Füchse wollen in diesen Fällen die Gunst der Stunde nutzen. Kurzes, abgehacktes Klagen dagegen lässt Füchse misstrauisch werden. Sie laufen dann in den Wind, prüfen die Lage und beobachten lange die Freifläche. In solchen Fällen hilft ein zusätzlicher optischer Reiz, um die Aufmerksamkeit des Fuchses von potenziellen Bewegungen des Jägers abzulenken. Ein batteriebetriebenes Federspiel (ohne akustische Komponente) kann die Reizjagd entscheidend verbessern (Gesetzeslage beachten). Es simuliert Bewegung, weckt den Jagdinstinkt und lenkt den Blick des Fuchses weg vom Jäger. Besonders bei zögerlichem Anwechseln bleibt der Fuchs häufig durch den optischen Reiz kurz stehen. Diese Situationen bieten für den Jäger häufig die Möglichkeit, um dem Rotrock eine sichere Kugel anzutragen. Doch Vorsicht: In einigen Bundesländern sind optische oder technische Lockmittel reglementiert. Sollte der Fuchs trotz Lauten und optischem Reiz nicht stehen bleiben, kann ein kurzes Anrufen oder Anschreien („He!“ oder „Hey!“) in vielen Fällen das nötige Überraschungsmoment schaffen, damit er kurz verhofft.

Bei der Reiz- und Lockjagd gilt, weniger ist mehr. Kein Hase stirbt zehnmal. Lockt oder reizt der Jäger zu häufig, hat dies meist negative Auswirkungen. Der Fuchs wird misstrauisch, man macht ihn schlau und er schnürt dann meist davon.

GUTER WIND IST A UND O

Wind ist das A und O. Füchse kommen fast immer gegen den Wind. Sie verlassen sich mehr auf die Nase als auf die Gehöre. Störende Bewegungen, Lichtquellen oder metallische Geräusche sind tabu. Wer den Fuchs mit dem Locker anlocken will, muss vollkommen ruhig und unsichtbar sein. Besonders erfolgreich ist die Reizjagd in Nächten mit leichtem Wind, Frost und klarem Himmel dann tragen die Laute weit und die Füchse sind aktiv.

Zu häufiges Locken kann Füchse misstrauisch machen und zur Flucht bewegen.

VERHALTEN NACH DEM SCHUSS

In der Nacht entscheidet häufig nicht der erste Schuss über den Erfolg, sondern das Verhalten danach. Wer in der Dunkelheit mehrere Stücke Raubwild in Anblick hat, kann seine Strecke deutlich erhöhen, wenn er nach der Schussabgabe Ruhe bewahrt und die Situation richtig einschätzt. Das Verhalten des Jägers unmittelbar nach dem Schuss ist ebenso entscheidend wie die Schussvorbereitung selbst. Nach der Schussabgabe sollte der Jäger unbedingt aufmerksam bleiben und das Gelände ruhig weiter beobachten. Füchse, Marderhunde oder Waschbären reagieren in der Nacht oft deutlich weniger heftig, als man vermuten würde – vor allem dann, wenn ein Schalldämpfer und das passende Kaliber verwendet wird. Der reduzierte Mündungsknall und das fehlende Mündungsfeuer führen dazu, dass verbleibendes Raubwild die Situation zunächst nicht einordnen kann. Häufig verharren sie nach dem Schuss für einige Sekunden, sichern oder kommen sogar zurück, wenn der erste Schuss ruhig abgegeben wurde und der Schütze anschließend völlig regungslos bleibt. In diesen Momenten entscheidet sich, ob es bei einem Stück bleibt oder ob weitere Chancen entstehen. Wer hektisch aufsteht, die Taschenlampe einschaltet oder die Position sofort verlässt, vertreibt jedes noch anwesende Wild. Deshalb ist Geduld gefragt! Mindestens einige Minuten sollte man nach dem Schuss ausharren, um seine Umgebung genau zu analysieren.

Besonders bei der Bejagung von Fuchs oder Waschbär im Paar- oder Familienverband ist ruhiges Verhalten nach dem Schuss oberstes Gebot. Häufig bleibt der Partner in der Ranz zurück, läuft neugierig zum Anschuss oder sichert aus kurzer Distanz. Solche Situationen erfordern höchste Konzentration und Disziplin. Hektisches Nachladen, unnötiges Bewegen und jegliche Geräusche sollten unbedingt vermieden werden. Erst wenn sicher ist, dass kein weiteres Stück

Nach dem Schuss sollte der Jäger sich unbedingt ruhig verhalten.

Damit der Anschuss sicher gefunden werden kann, sollte sich der Schütze markante Punkte im Gelände einprägen.

mehr anwechselt oder die Lage unübersichtlich wird, kann ein Standortwechsel in Betracht gezogen werden. Ein Umsetzen macht nur dann Sinn, wenn das Wild deutlich abgesprungen ist oder wenn sich aufgrund der Deckung eine neue Schussposition ergibt. In der Regel ist es jedoch erfolgversprechender, am ursprünglichen Platz zu verbleiben, da das Wild den Schussort häufig nicht genau lokalisieren kann.

FLÜSTERTÜTE

Der Einsatz eines Schalldämpfers spielt dabei eine zentrale Rolle. Neben der Reduzierung des Lärmpegels, je nach Kaliber und Modell um 20 bis 35 Dezibel, dämpft er auch den Rückstoß und eliminiert weitgehend das Mündungsfeuer. Das sorgt nicht nur für eine bessere Eigenwahrnehmung nach dem Schuss, sondern ermöglicht es auch, das Wildverhalten unmittelbar zu beobachten, ohne geblendet zu werden. Viele Jäger berichten, dass mit einem guten Schalldämpfer selbst mehrere Stücke nacheinander erlegt werden konnten. Diese Mehrfacherlegungen sind kein Zufall, sondern das Ergebnis ruhiger, überlegter Handlungsweise. Für Raubwild, das ohnehin vorsichtig und auf jede Störung sensibilisiert ist, macht dies den entscheidenden Unterschied. Darüber hinaus erleichtert der Schalldämpfer die Nachsuche. Da der Schütze das Verhalten des beschossenen Stücks besser beobachten kann, lässt sich Fluchtrichtung und Reaktion besser beurteilen.

Wichtige Referenzpunkte wie etwa markante Bäume, Steine oder Geländekanten sollten schon vor der Schussabgabe im Gedächtnis verankert werden. Wer das Gelände kennt und aufmerksam beobachtet, findet den Anschuss später problemlos wieder, auch bei schwieriger Witterung.

Die ruhige Nachbeobachtung ist nicht nur für Mehrfacherlegungen wichtig, sondern auch Ausdruck waidgerechter Jagd. Besonders Füchse, die angeschweißt sind, flüchten bei Störung weit und sind schwer nachzusuchen.

Schalldämpfer vermeiden fast vollständig das Mündungsfeuer nach dem Schuss.

Ein erfahrener Nachtjäger bleibt deshalb ruhig, behält alles im Blick und wartet, bis sich das Gelände wieder beruhigt hat. Erst danach erfolgt eine vorsichtige Kontrolle des Anschusses mit dem Wärmebildgerät oder im Zweifel mit einem brauchbaren Hund. Diese Beobachtungsphase, gepaart mit dem gedämpften Schuss, ist der Schlüssel zu mehreren erfolgreichen Schüssen in einer Nacht und gleichzeitig Ausdruck von Umsicht und Respekt gegenüber dem Wild.

RAUBWILDNACHSUCHE

Die Nachsuche von Raubwild ist eine elementare Pflicht und Ausdruck jagdlicher Verantwortung. Krankgeschossenes Wild muss immer und ohne Ausnahme gewissenhaft nachgesucht werden, unabhängig von Art, Größe oder dem jagdlichen Wert des Tieres. Es darf nicht sein, dass für einen kapitalen Trophäenträger mehrere Hunde und Helfer herangezogen werden, während ein Fuchs, Marder oder Dachs im Zweifel zurückbleibt. Die Wertigkeit eines Lebewesens bemisst sich nicht an seiner Trophäe, sondern an der Pflicht des Jägers, Leid zu vermeiden.

Jagdliche Verantwortung: Jedes Stück Raubwild, welches beschossen wurde, wird nachgesucht.

Ruhe ist ein wesentlicher Schlüssel zum Erfolg. Mehrfacherlegungen sind kein Zufall, sondern das Ergebnis einer ruhigen, überlegten Handlungsweise. Auch die Waidgerechtigkeit lebt von der Ruhe. Angeschweißte Stücke flüchten bei Unruhe sonst meist weit.

Die Nachsuche auf Raubwild stellt besondere Anforderungen. Sehr oft endet eine Nachsuche an einem Naturbau oder in dichter Vegetation, wo das Tier sich zurückzieht. Das verlangt von Hundeführer, Hund und Jäger größte Ausdauer und Ruhe. Der brauchbare Nachsuchenhund für Raubwild vereint mehrere, teils widersprüchliche Eigenschaften. Er muss über einen ausgeprägten Spur- und Finderwillen verfügen, damit er konzentriert die Schweißspur verfolgen kann, auch wenn sie schwach ist. Gleichzeitig muss er Raubwildschärfe besitzen, also die Bereitschaft und Fähigkeit, Raubwild zu stellen oder festzuhalten. Diese Schärfe muss gezügelt werden durch Ruhe und Ausdauer, denn nur ein ruhiger, führiger Hund bleibt auf langen Suchen konzentriert.

Die Nachsuche beginnt nach sorgfältiger Kontrolle des Anschusses. Der Einsatz eines Wärmebildgerätes zur Erstbeurteilung kann in der Dämmerung oder Nacht wertvolle Hinweise geben, dennoch ersetzt Technik niemals die Erfahrung eines guten Hundeführers und seines Hundes. Laufschüsse sind besonders anspruchsvoll, weil das Wild sofort in Bewegung gerät und seine gewohnten Wechsel nutzt. Füchse flüchten häufig querfeldein und suchen natürliche Unterschlüpfe wie Gräben, dichte Hecken oder Erdbaue. Es ist deshalb wichtig, die Fluchtrichtung zu markieren und wenn möglich, sofort einen qualifizierten Nachsuchenhund an den Anschuss zu bringen – in der Regel

Ist der Schuss in der Nacht gefallen, wird am kommenden Morgen mit der Nachsuche begonnen.

am nächsten Morgen, wenn die Lichtverhältnisse es zulassen. Ein nachlässiger Umgang mit krankgeschossenem Raubwild beschädigt das Ansehen der Jägerschaft und widerspricht grundlegend dem Leitbild waidgerechter Jagd. Die Kombination aus moderner Technik, sauberem Anschlag, kontrolliertem Verhalten und Geduld macht die Nachtjagd zu dem, was sie sein sollte – eine ruhige, präzise und waidgerechte Form der Raubwildbejagung. Nicht die Anzahl der Schüsse entscheidet über Erfolg, sondern das Verhalten zwischen ihnen!

ETHISCHE ASPEKTE UND VERANTWORTUNG

Die Nachtjagd ist ein elementares Werkzeug, aber sie verlangt mehr als Technik. Sie fordert Charakter. Die Versuchung „auf Verdacht" zu schießen, ist groß. Doch wer nachts jagt, muss absolute Sicherheit haben, was er vor sich hat. Technik darf niemals das Verantwortungsgefühl ersetzen. Waidgerechtigkeit bedeutet, nur dann zu schießen, wenn alle Parameter stimmen, nicht wenn das Gerät es zulässt.

Nach dem Schuss kann der Jäger mit dem Wärmebildgerät die Umgebung abglasen. Häufig wird die noch warme Beute damit direkt gefunden.

Doch bei aller Technik bleibt die wichtigste Komponente der Jäger selbst. Ruhig, besonnen, sicher und ethisch gefestigt sollte er sein. Denn Jagd – vor allem in der Nacht – ist kein Kampf gegen die Natur, sondern verantwortungsbewusste Regulierung im Einklang mit ihr.

HÄUFIGKEIT, ERFOLGSKONTROLLE UND NACHHALTIGKEIT

Die Nachtjagd entfaltet ihre Wirkung nur durch Kontinuität. Eine Nacht pro Woche reicht nicht aus. In vielen Revieren waren erst bei drei bis vier nächtlichen Raubwildjagdeinsätzen pro Woche relevante Resultate zu beobachten. Daten aus Wildkameras, Fallenergebnissen und Beobachtungen sollten systematisch ausgewertet werden. Nur wer dokumentiert erkennt Zusammenhänge, etwa zwischen Mondphasen, Wetter, Windrichtung und Aktivitätsmustern. Nachhaltiges Prädatorenmanagement bedeutet, Technik, Erfahrung und Ausdauer zu vereinen. Wer konsequent auf Raubwid jagt, kann den Prädationsdruck so weit senken, dass sich Niederwildpopulationen wieder stabilisieren können. Die Wahl der richtigen Nacht ist für den Jagderfolg entscheidend. Leichter Regen kann die Annäherung des Jägers an das Raubwild erleichtern, weil der Boden Geräusche schluckt. Klare, kalte Nächte sind für den Schuss ideal, aber das Raubwild ist häufig vorsichtiger. Der Jäger sollte daher flexibel sein und die Bedingungen nutzen, die ihm das Wild in Schussdistanz bringen. Die Nachtjagd ist die Königsdisziplin der modernen Raubwildbejagung. Sie erfordert Disziplin, regelmäßige Übung und Verantwortungsbewusstsein. Richtig ausgeführt ist sie kein Selbstzweck, sondern ein Beitrag zur Biodiversität: Sie schützt Hasen, Fasane, Bodenbrüter und Amphibien vor übermäßigem Prädationsdruck.

NACHTJAGD

Die Nachtjagd ist eine der anspruchsvollsten, aber auch wirkungsvollsten Methoden der modernen Raubwildbejagung. Sie verbindet handwerkliches Können, technischen Fortschritt und jagdethische Verantwortung. Wer sie beherrscht, verfügt über ein Werkzeug, das, richtig und intensiv eingesetzt, den größten Beitrag zur Reduktion von Raubwilddichten leisten kann.

Das Ansprechen mit dem Wärmebildgerät muss geübt werden. Hier ist ein Fuchs zu sehen.

In diesem Fall steht ein Marderhund auf einer Wiese.

Richtig durchgeführt, kann bei der Baujagd gefahrlos Beute gemacht werden.

Ob Sommeransitz an Stoppelfeldern oder Winteransitz am Luderplatz, die Nachtjagd verlangt Sitzfleisch, Geduld und volle Konzentration. Sie ist keine Disziplin für Gelegenheitsjäger. Nur wer regelmäßig draußen ist, das Revier kennt und den Umgang mit der modernen Technik beherrscht, kann wirklich erfolgreich sein. Mit der rasanten Weiterentwicklung der Wärmebild- und Nachtsichttechnik wurde den Jägern die Augen geöffnet. Was früher Vermutung war, ist heute sichtbar. Die Nachtblindheit hat ihr Ende gefunden und mit ihr hat sich das Verständnis für Raubwildaktivitäten, Raubwildvorkommen und Raubwilddichten grundlegend verändert.
Raubwild reagiert schnell auf intensivere Bejagung. Vor allem der Fuchs ist bei fehlendem Jagddruck teilweise tagaktiv und lässt sich auch in der Nacht durch den Menschen kaum stören. Sobald er flächig intensiv bejagt wird, werden die übrigen Individuen zunehmend vorsichtiger, meist durch negative Erfahrungen mit dem Jäger, und zunehmend schlauer. Wer das Raubwild heute ernsthaft regulieren will, kommt an einer intensiven Nachtjagd nicht vorbei. Fuchs, Waschbär, Dachs und Marderhund sind nachtaktive Opportunisten. Ohne regelmäßige Bejagung steigt der Druck auf Bodenbrüter und Niederwild dramatisch an. Einzelaktionen oder sporadische Ansitze helfen hier kaum.

BAUJAGD – TRADITION TRIFFT NOTWENDIGKEIT

Die Baujagd ist eine der ältesten und zugleich am meisten diskutierten Jagdarten auf Raubwild. Von vielen Jägern geschätzt, von manchen kritisch hinterfragt, ranken sich zahllose Geschichten um stundenlange Grabarbeiten, gefährliche Situationen für den Hund und vermeintlich unbeherrschbare Dachse. Doch wer die Baujagd in ihrer heutigen, modernen Form kennt und professionell betreibt, erkennt schnell ihren unschätzbaren Wert im Rahmen eines umfassenden Prädatorenmanagements.

Die Baujagd ist unverzichtbar, wenn es darum geht, auch die letzten Rückzugsräume des Raubwildes zu erreichen – sei es bei Füchsen oder bei dachsbelegten Bauen, deren Besatz sich durch Fangjagd oder Ansitz nicht immer beeinflussen lässt. Vor allem in Kombination mit intensiver Fallen-, Einzel- und Nachtjagd entfaltet die Baujagd ihr volles Potenzial. Sie wirkt dort, wo andere Mittel an ihre Grenzen stoßen. Im Zentrum steht der Erdhund, der mit seinem Mut, seiner Führigkeit und seiner Nase den Bau bejagt.

VERSCHIEDENE ARBEITSWEISEN

Zwei Arbeitsweisen lassen sich unterscheiden. Der sogenannte Vorlieger, der das Raubwild im Kessel oder in der Endröhre stellt und verbellt, und der Flieger, der das Wild durch wiederholtes Wechseln der Röhren zum Verlassen des Baus bewegt. Je nach Arbeitsweise und Charakter des Hundes kann die Baujagd sowohl auf Fuchs als auch auf Marderhund und Dachs erfolgen. Voraussetzung ist eine fundierte, tierschutzgerechte Ausbildung, die ausschließlich an der Schliefenanlage erfolgen kann. Ein ungeeigneter, zu scharfer oder zu vorsichtiger Hund wird hier frühzeitig erkannt und aus dem jagdlichen Einsatz genommen. Besonders oft werden bei der Baujagd Missverständnisse und Mythen kolportiert. So etwa die Angst vor dem sogenannten Verklüften des Hundes durch den Dachs. In Wahrheit handelt es sich dabei meist um eine Situation, in der der Hund, durch nachrutschende Erde oder eigene Grabversuche vom Wild getrennt wird und sich selbst eingräbt. Ein gut trainierter Hund mit ausreichender Erfahrung und einem Bauhundsender ist heute schnell zu orten. Durch moderne Ortungsgeräte, die den genauen Aufenthaltsort des Hundes auf wenige Zentimeter genau anzeigen, lassen sich die meisten gefährlichen Bausituationen binnen kurzer Zeit auflösen. Auch die Sorge vor zu tiefen Bauen ist meist unbegründet. Die überwiegende Mehrheit der Baue in mitteleuropäischen Revieren liegt in einer Tiefe zwischen 0,8 und 1,5 Metern. Tiefe Bau-

Damit die Baujagd reibungslos verläuft, muss der Hund zuvor ausreichend eingearbeitet werden.

Das Verklüften des Bauhundes durch den Dachs wird in Jägerkreisen häufig diskutiert.

anlagen unter Straßen, in felsigem Untergrund oder steilen Böschungen sollten ohnehin nicht bejagt werden. Hier gilt: Sicherheit geht vor.
Jeder Hundeführer trägt die Verantwortung für seinen Vierbeiner und jeder Einsatz muss unter dem Grundsatz stehen, dass das Tier gesund nach Hause zurückkehrt. Der erfahrene Baujäger kann den zu bejagenden Bau einschätzen und trifft die Entscheidung. Bei aufgeschüttetem Material oder zusammengeschobenen Wällen ist Vorsicht geboten, da niemand genau weiß, ob das Graben in einer Notfallsituation überhaupt möglich ist. Ein wichtiger Bestandteil der Baujagd ist die Kartierung der Bauanlagen. Kunst- sowie Naturbaue, Strohmieten, Durchlässe und Reisighaufen sollten erfasst, regelmäßig kontrolliert und im Vorfeld genau betrachtet werden. So kann gezielt geplant werden, wann, wie und mit welchem Hund eine Bejagung sinnvoll oder überhaupt möglich ist. Wird der Dachsbesatz erfolgreich reduziert, verfallen viele Baue langfristig oder können nach Belegung durch den Fuchs wieder aktiv bejagt werden. Ziel der Baujagd ist es stets, das Wild zum Springen zu bringen, also zum Verlassen des Baus, um es dort waidgerecht zu erlegen. Ist dies nicht möglich, erfolgt der Einschlag gezielt und kontrolliert. Beim Graben ist darauf zu achten, nicht in den Einschlag zu springen, um die Röhre, in der sich der Hund befindet, nicht zum Einsturz zu bringen. Außerdem sollte man beim Orten des Hundes den Röhrenverlauf berücksichtigen. Der Hund stellt das Raubwild im Kessel oder in einer Endröhre, dabei gibt er Laut und bewegt sich immer wieder vor und zurück.
Der gut eingearbeitete Hund baut nur so viel Druck am Wild auf, wie nötig ist. Raubwild gräbt sich deshalb nicht weg bzw.

Ausnahme: Einschlag. Ziel bei der Baujagd sollte sein, dass das Wild springt.

drückt sich nicht am Hund vorbei. Hat der Vierbeiner das Wild im Bau gestellt, sollte versucht werden, den Einschlag etwas hinter dem Hund anzulegen.
Der Vierbeiner kann beim Durchbrechen dann sicher abgenommen werden. Sollte es sich um eine Endröhre handeln, kann das Raubwild nicht weg. Falls man zwischen Hund und Wild in die Röhre durchbricht, kann sofort der Spaten zwischen Hund und Wild geschoben werden. Mit einem weiteren Spaten wird der Hund dann nach und nach befreit. Sollte man über dem Raubwild durchbrechen, drückt sich das Raubwild in der Regel am Hund vorbei oder verbeißt sich mit dem Hund. Doch solche Fehler können vermieden werden! Sobald der Hund aus dem Einschlag genommen wurde, wird dieser etwas vergrößert, und das gestellte Raubwild wird im Einschlag erlegt. Hierfür eignet sich eine Waffe im Kaliber .22 lfB. Je nach Größe des Einschlags haben sich für diese Jagdart vor allem Kurzwaffen bewährt.
All dies setzt ein eingespieltes Team aus Hund, Hundeführer und Grabmannschaft voraus. Keine Jagdart ist in puncto Teamarbeit und Vertrauen vergleichbar. Eine weitere Möglichkeit mit dem Hund zu jagen, bietet sich in Strohmieten, Reisighaufen oder an Kunstbauen. Die Baujagd ersetzt keine andere Jagdart, aber sie ergänzt alle besonders in jenen Momenten, in denen alle anderen versagen. Invasive Arten wie der Marderhund oder der Waschbär lassen sich mit ihr ebenfalls effizient bejagen. Gerade der winterliche Besatz von Bauen mit mehreren Raubwildarten gleichzeitig zeigt, wie notwendig ein gut funktionierendes Baujagd-Team ist. Verletzungen beim Hund sind bei sachgemäßem und regelmäßigem Einsatz selten. Viel häufiger sind es kleine Kratzer oder Schürfwunden, vergleichbar mit Alltagsverletzungen im Haushalt. Ent-

Für den Fangschuss im Einschlag ist eine Kurzwaffe ideal.

Nachdem der Hund aus dem Bau ist, kann der Fangschuss erfolgen.

scheidend ist, dass Hund und Führer regelmäßig gemeinsam arbeiten, sich kennen und Vertrauen zueinander haben. Die Baujagd ist nicht nur eine Traditionsjagd, sie ist ein moderner, hochwirksamer Bestandteil der Raubwildbejagung. Sie ist notwendig, wenn wir Niederwild, Wiesenvögel und andere Zielarten schützen wollen. Und sie ist ein Paradebeispiel dafür, wie Hund, Mensch und jagdliches Handwerk im Einklang für den Naturschutz wirken können. In allen Regionen, in denen versucht wird Raubwild zu regulieren, hat es sich gezeigt, dass die Baujagd unumgänglich ist. Auch wenn die Nachtjagd, Fallenjagd oder Gesellschaftsjagd stattfindet, kann zusätzlich die Baujagd maßgeblicher Faktor sein, um im Frühjahr das ein oder andere Geheck auszuschließen, wenn die Fuchsfähe im Februar auf einem solchen Bau erlegt wurde.

VOR DER JAGD

Vor Beginn jeder Baujagd ist eine gründliche Einweisung Pflicht. Der Hundeführer erklärt den Ablauf und das Vorgehen und teilt die Positionen zu. Jeder Schütze muss wissen, wo er zu stehen hat, wann und wo er schießen darf, und in welche Richtung eben nicht. Ein zu frühes In-Anschlag-Gehen oder ein unüberlegtes Abdrücken kann für den Hund fatale Folgen haben. Deshalb ist die Kommunikation im Vorfeld entscheidend. Alle Beteiligten tragen gut sichtbare Warnkleidung, nicht aus Formalität, sondern aus Sicherheitsgründen. Alle Schützen sind konzentriert und jederzeit bereit. Bei der Baujagd gibt es keinen Platz für Unaufmerksamkeit. Hände in den Taschen, das lässige Aufstützen am nächsten Baum oder gar ein Blick aufs Handy sind nicht nur unangebracht, sondern gefährlich. Raubwild kann jederzeit springen, und wer dann nicht bereit ist, hat keine Chance das Wild zu erlegen. Ebenso riskant ist das zu frühe In-Anschlag-Gehen. Ein Schütze, der voreilig reagiert, gefährdet den Hund, und den Erfolg. Nur wenn jeder seinen Platz kennt und die Nerven behält, kann eine Baujagd sicher und erfolgreich verlaufen. Der Hundeführer achtet beim Abstellen der Jäger stets auf den Wind. Je nach Baugröße wird ein Halbkreis oder ein Kreis abgestellt. Es empfiehlt sich, auch bei unübersichtlichem Gelände ein weit entferntes Abstellen an Zwangspässen. Niemand außer dem Hundeführer schießt in Richtung des Baues bzw. der Strohmiete, Schüsse dürfen nur vom Bau bzw. von der Strohmiete weg erfolgen, da nie sicher vorhergesagt werden kann, wo der Hund auftauchen wird.

Ein besonderes Risiko stellt das Wiedereinschliefen eines krankgeschossenen Fuchses dar. Gerät der Hund mit ihm unter der Erde erneut in Kontakt, kann es zu schweren Verletzungen beim Hund kommen. Gerade deshalb muss der Schuss auf das springende Raubwild präzise und sicher erfolgen. Jeder Fehler hat unmittelbare Konsequenzen entweder für den Hund oder für das Gelingen der gesamten Jagd. Auch das Graben erfordert höchste Konzentration. Wenn der Hund den Fuchs unter der Erde stellt und der Hundeführer zum Werkzeug greift, muss absolute Ruhe herrschen. Jeder weiß, dass sich unter der Erde nie genau vorhersagen lässt, wo das Raubwild sitzt oder wie der Röhrenverlauf tatsächlich aussieht. Fuchs, Dachs oder Marderhund können jederzeit springen durch Nebenröhren, nach oben, zur Seite oder sogar dort, wo der Hund eingeschlieft ist. Deshalb muss jeder Schütze während des Grabens aufmerksam bleiben und in der Lage sein, blitzschnell, aber kontrolliert zu reagieren. Eine professionelle Baujagd funktioniert nur mit einem eingespielten, disziplinierten Team.

HUNDEFÜHRER IST JAGDLEITER

Der Hundeführer ist die zentrale Figur, seine Anweisungen sind verbindlich, denn er ist Jagdleiter. Schützen und Helfer müssen sich zurücknehmen, geduldig bleiben und den Ablauf akzeptieren. Hektik, Unruhe oder Eigenmächtigkeiten gefährden nicht nur den Erfolg, sondern vor allem die Sicherheit des Hundes. Die Arbeit unter der Erde ist immer mit Risiken verbunden für Hund, Mensch und Wild. Doch wer sie ernsthaft und gewissenhaft betreibt, kann dabei sicher und erfolgreich Beute machen. Hier zeigt sich jagdliche Erfahrung, Konzentration und gegenseitiges Vertrauen als Grundlage. Nur so kann die Baujagd das bleiben, was sie sein soll: eine waidgerechte, zielgerichtete und sichere Methode, um Raubwild zu bejagen.

Der Hundeführer hat bei der Baujagd das Sagen.

Baujagd ist Teamarbeit. Das gilt auch für das Tragen der benötigten Ausrüstung.

Für die Baujagd eignen sich vor allem kompakte und wendige Hunde. Teckel (Kurzhaar, Langhaar, Rauhaar) sind wegen ihres kurzen Rumpfes und ihrer guten Eignung bis heute erste Wahl für enge Natur- und Kunstbaue. Sie arbeiten ausdauernd, geben zuverlässig laut und passen in sehr enge Gänge. Deutsche Jagdterrier und andere Terrier bringen Robustheit sowie Durchsetzungsvermögen mit und sind besonders in großen Bauanlagen oder Strohmieten bestens einsetzbar. Grundsätzlich kann die Baujagd mit jeder Erdhundrasse ausgeübt werden. Jeder Bauhund braucht Köpfchen, Mut und Passion. Ein zentrales Maß ist ebenso der Brustumfang. Ein praktisch bewährter Idealbereich liegt bei etwa 35–40 cm, die Obergrenze bei 48 cm. Ab dieser Größe wird das Passieren enger Gänge zunehmend problematisch. Wichtiger als reine Zahlen jedoch sind die Form des Körpers und der Wille des Hundes. Ein flacher, zylindrischer Brustkorb und eine schmale Schulterpartie sind für die Baujagd besser als ein breit aufgewölbter Brustkorb.

BAUJAGDAUSRÜSTUNG

Die Ausrüstung für die Baujagd gliedert sich in Grabwerkzeug, Spezialwerkzeuge für den Bau, Sicherungs- und Ortungstechnik, Licht, persönliche Schutzausrüstung und sonstige Hilfsmittel. Beim Grabwerkzeug hat sich eine Kombination aus robustem Spaten mit langem Stiel (Stahlblatt, Gesamtlänge ca. 120–140 cm) und einer langen und kürzeren Handschaufel (Stiellänge 50–70 cm) bewährt. Der lange Spaten bietet Hebelwirkung für schnelle Einschläge, die kurze Schaufel ermöglicht feine Arbeiten direkt am Bau. Für zähe Böden und Wurzelwerk ist eine Spitzhacke bzw. Wiedehopfhaue mit robustem Kopf und einer Stiellänge von 90–110 cm sinnvoll. Eine flache Spatenklinge erleichtert das saubere Einschneiden von Grabenrändern und das Anheben von Böschungen. Falls die Röhre nicht gefunden und bevor großflächig gegraben wird, empfiehlt sich der Einsatz einer langen Sondierstange (ca. 1–2 m), um Röhren und Verbindungen abzutasten und so Hund und Beute nicht unnötig zu gefährden.

Erlegte Füchse kann der Bauhund aus der Röhre ziehen.

Die Stange hilft außerdem dabei, den Bau kurz zu belüften und die Lage zu erkunden. Zum Spezialwerkzeug gehören Dachszangen, die Schornsteinfegerbürste (ein bewährtes Hilfsmittel zum Herausschieben aus Kunstbauen) sowie Sprengnetze. Zum Sichern und Managen des Hundes sind robuste Leinen unverzichtbar. Eine kurze Führleine (ca. 2 m Länge) ist sinnvoll. Der eingearbeitete Hund kann mit oder ohne Leine das erlegte Wild aus der Röhre ziehen. Ein Bauhundsender mit passendem Empfänger ist für die Baujagd unverzichtbar. Für ausreichend Licht sind eine hochwertige, stoßfeste Taschenlampe mit Ersatzbatterien und eine Kopflampe Pflicht. Die Kopflampe erlaubt sauberes Arbeiten beim Graben und bei der Versorgung des Hundes. Warnkleidung gehört bei der Jagd zur Standardausrüstung. Persönliche Schutzausrüstung umfasst knöchelstabile, rutschfeste und wasserfeste Schuhe oder Stiefel mit Profil, robuste Handschuhe sowie ausreichende Wasservorräte für Hund und Mensch. Ein vollständiges Erste-Hilfe-Set für Hund und Mensch ist ebenfalls zwingend erforderlich. Kurzwaffen im Kaliber .22 lfB eignen sich zur Fangschussabgabe im Einschlag. Die am Bau abgestellten Schützen führen eine Flinte mit passender Munition. Für revierübergreifende Baujagdaktionen mit mehreren Hunden empfiehlt sich eine Tagesversicherung (Haftpflicht-/Unfallversicherung), vor allem wenn mehrere Revierinhaber und Helfer beteiligt sind.

KUNSTBAU

Kunstbaue sind in zahlreichen Revieren bereits feste Bestandteile der jagdlichen Infrastruktur. Der Kunstbau dient als künstlich angelegte, stabile Alternative zum Naturbau und bietet dem Fuchs eine attraktive, sichere Wohnstätte zugleich aber auch dem Jäger eine kontrollierbare Möglichkeit zur gezielten und waidgerechten Bejagung. Ein Kunstbau funktioniert jedoch nur dann dauerhaft und effektiv, wenn er gepflegt, instand gehalten und regelmäßig bejagt wird. Vernachlässigung, Verschlammung oder unpassende Gestaltung führen schnell dazu, dass der künstliche Bau unbrauchbar und vom Fuchs gemieden wird. Auch bei intensivem Prädatorenmanagement bleibt häufig der Erfolg am Kunstbau aus und die

Ist der Kessel ausgepolstert, hatte es sich ein Dachs im Kunstbau gemütlich gemacht.

erzielte Jagdstrecke sinkt auf ein niedriges Niveau, doch der Kunstbau sollte unbedingt weiterhin regelmäßig bejagt werden. Die Instandsetzung des Kunstbaus beginnt im Frühjahr bzw. im März/April. Dann sollte der Bau geöffnet und gründlich überprüft werden. Besonders wichtig ist dabei der Kessel, denn hier zeigen sich am deutlichsten Spuren, welche Wildarten den Bau in Vergangenheit genutzt haben. Wenn der Kessel mit Laub, Moos, Heu oder ähnlichem Material ausgepolstert ist, war mit hoher Wahrscheinlichkeit ein Dachs anwesend. Schmalzmänner sind hervorragende Baumeister, aber problematische Kunstbaubewohner. Sie polstern ihre Baue weich aus, was für Füchse äußerst unattraktiv ist. Der Fuchs bevorzugt es trocken, sandig und luftig. Ein muffiger, weich ausgelegter Kessel wird von ihm in der Regel gemieden. In einem solchen Fall sollte der Kessel vollständig geleert werden. Das Polstermaterial wird entfernt und der Boden neu mit feinem, trockenem Sand aufgefüllt. Dieser erfüllt gleich mehrere Zwecke. Er ist hygienisch, angenehm für das Tier und erleichtert die spätere Reinigung. Zudem bietet Sand dem Fuchs ein angenehmes Bett, das Wärme speichert und gleichzeitig trocken bleibt. Kommt bei der Frühjahrsüberprüfung ein Geheck zum Vorschein, kann dieses in der Regel unkompliziert und vollständig entnommen werden. Die Geheckentnahme ist eine äußerst wirksame Maßnahme im Prädatorenmanagement.

Hat eine Fähe in einem Kunstbau ihr Geheck gewölft, kann dieses in der Regel problemlos entnommen werden.

Mit einer Schornsteinfegerbürste kann ein Kunstbau auch ohne Hund bejagt werden.

Bejagung ohne Hund

Steht kein Hund zur Verfügung, kann der Kunstbau auch ohne Hund bejagt werden. Hier hat sich die Verwendung einer Schornsteinfegerbürste in Kombination mit einem Abfangkorb bewährt. Mit der Bürste wird der Kessel vorsichtig ausgeräumt und das Wild in den Korb gedrängt. Diese Methode erfordert Geduld und Erfahrung, ist aber eine praxistaugliche Alternative, wenn kein eingearbeiteter Bauhund verfügbar oder das Gelände schwer zugänglich ist. In Revieren mit regelmäßigem Vorkommen von Waschbär, Marderhund oder Dachs empfiehlt es sich, den Kunstbau gut zugänglich und robust zu gestalten – im Optimalfall oberirdisch, denn die genannten Raubwildarten springen in der Regel nicht oder nur schlecht vor dem Hund. Dadurch kann der Kessel leichter kontrolliert, gereinigt und gegebenenfalls freigelegt werden. Der Kessel kann in diesen Fällen mit einer stabilen Holzkiste umbaut und zusätzlich mit einem kleinen Quaderballen isoliert werden, um ihn vor Wind, Regen und mechanischer Belastung zu sichern. Diese Bauweise vereinfacht die Wartung erheblich und verhindert, dass sich die Anlage unkontrolliert zusetzt.

Wenn der Hund Unterstützung braucht, kann so schnell eingegriffen werden. Ein gut funktionierendes Team aus Hundeführer und Jägern ist hier ebenso wie am Naturbau entscheidend. Auf dem Markt sind verschiedene Kunstbausysteme erhältlich, doch alle erfolgreichen Varianten orientieren sich an den natürlichen Vorlieben des Fuchses. Er schlieft gerne eng ein und bevorzugt kompakte, trockene sowie dunkle Baue. Entsprechend sollten die ersten beiden Röhren vor dem Kessel einen Durchmesser von etwa 20 cm haben, um den Einlauf natürlich und schützend wirken zu lassen. Die folgenden Röhren können 25 cm Durchmesser haben, damit sich das Tier im Inneren besser bewegen kann. Das führt außerdem dazu, dass beim Sprengen des Fuchses, der Hund in der Regel nicht direkt dahinter ist. So kann in der Regel immer ein sicherer Schuss abgegeben werden. Der Kessel sollte nicht zu groß gewählt werden. Ideal ist ein Raum, den der Fuchs selbst durch seine Körperwärme erwärmen kann. Ein Y-Stück mit zwei Eingängen in den Kessel ist zudem empfehlenswert. Es bietet dem Fuchs oder anderem Raubwild die Möglichkeit zu springen, was die Annahme des Baus deutlich erhöht. Der Kessel selbst sollte immer der höchste Punkt des Systems sein. So kann sich Wärme stauen, und Wasser fließt zuverlässig ab. Ein gut angelegter Kunstbau hat ein Rohrsystem von mindestens zehn Metern Länge. Eine leichte Kurve im Verlauf der Rohre unterbricht die Sichtachse und vermittelt dem Fuchs Sicherheit. Die Ausrichtung nach Süden sorgt für Wärme, während Zugluft unbedingt zu vermeiden ist. Für enge Kurven können Wabensteine verwendet werden. Doch Vorsicht! Die Steine neigen zum Absacken und Versanden, weshalb regelmäßige Kontrollen erforderlich sind.

Regelmäßige Pflege

Ein Kunstbau ist nur so gut wie seine Pflege. Er muss jährlich kontrolliert werden. Besonders nach Frost, starken Regenfällen oder Erdarbeiten können Röhren absacken oder versanden. Solche Störungen beeinträchtigen die Luftzirkulation und verhindern, dass der Fuchs den Bau nutzt. Versandete Röhren lassen sich einfach freilegen: Mit Schornsteinfegerbürste, Laubgebläse oder bei stärkerem Sandverschluss durch vorsichtiges Spülen mit Wasser (z. B. mit einem Wasserfass) sind die Rohre rasch gereinigt. Wichtig ist, dass das Wasser ungehindert ablaufen kann und der Bau danach wieder vollständig trocknet. Ist der Kessel freigelegt, wird er erneut mit trockenem, feinem Sand befüllt. Vor dem Einlauf sollte eben-

Das Y-Stück ermöglichst es, dass der Fuchs springt, während der Hund auf dem Weg in den Kessel ist.

falls heller Sand ausgebracht werden. Er hat nicht nur eine optische Anziehungskraft auf den Fuchs, sondern erleichtert auch die Spurkontrolle. Frische Trittsiegel, Losung oder Schleifspuren sind darauf leicht zu erkennen und geben wertvolle Hinweise über Belegung und Aktivität.
Der Eingangsbereich eines Kunstbaus sollte offen, hell und gut einsehbar bleiben. Zu dichter Bewuchs, überhängende Äste oder starke Verbuschung erschweren die Bejagung. Bei der Neuanlage von Kunstbauen ist unbedingt darauf zu achten, dass der Bau auch über Jahre hinweg gut zu bejagen ist.

STROHMIETEN UND REISIGHAUFEN

Die Bejagung von Strohmieten gehört zu den anspruchsvollen Methoden der Raubwildjagd mit dem Hund. In landwirtschaftlich geprägten und strukturarmen Revieren sind Strohmieten, Rundballenlager oder auch Reisighaufen beliebte Rückzugsorte für Fuchs, Marder und Waschbär. Vor allem wenn wenig Baue vorhanden sind. Der Fuchs ranzt gerne in Strohmieten und sucht diese gezielt auf. Besonders in den Wintermonaten, wenn Nahrung knapp ist und die Nächte frostig sind, suchen sie hier Schutz und Ruhe. Für den Jäger bietet sich damit eine hervorragende Möglichkeit, Raubwild gezielt und wirkungsvoll zu bejagen, vorausgesetzt die Jagd erfolgt planvoll, diszipliniert und mit einem gut eingearbeiteten Hund. Strohmieten haben den Vorteil, dass sie sich oft leicht kontrollieren lassen und durch den Aufbau übersichtlich sind. Allerdings hängt der Erfolg wesentlich von der Anlage und der Packdichte der Ballen ab. Sauber und fest gepackte Rundballenmieten sind ideal, denn hier kann der Fuchs gut springen und sich bewegen. Werden die Ballen jedoch zu eng oder nicht sauber aufeinanderliegend gestapelt, entstehen Sackgassen, aus denen das Wild weder flüchten noch sauber springen kann. Das erschwert nicht nur den Schuss, sondern erhöht auch das Verletzungsrisiko für Hund und Wild.

Strohmieten werden von Füchsen häufig als Schlafplätze genutzt.

Quaderballenmieten hingegen sind für die Bejagung ungeeignet. Zwischen den quaderförmigen Ballen entstehen enge Spalten, die sich für den Hund kaum durchdringen lassen. Wird das Wild hier gestellt, ist ein Eingreifen fast unmöglich. Wenn dann mit Traktor oder Frontlader gearbeitet wird, um Ballen zu verschieben, besteht für den eingesetzten Hund akute Lebensgefahr. Kein Raubwild ist einen Unfall wert. Deshalb gilt: Quaderballen sind für die Jagd mit Hund tabu!

DIE IDEALE STROHMIETE

Strohmieten, bestehend aus drei Ballen in der unteren Reihe, zwei in der Mitte und einem Rundballen obenauf, sind ideal für die Bejagung. Diese Struktur bietet dem Raubwild Deckung, lässt aber genug Raum zum Springen. Besonders hilfreich ist es, an den Frontseiten Silonetze oder Planen kurz vor der Arbeit des Hundes hochzuziehen. Dadurch springt der Fuchs besser und gezielter heraus, statt in Panik seitlich in die Ballen zu flüchten. Für die Arbeit am Strohlager sind gute, kletterfreudige Hunde unerlässlich. Terrier eignen sich hervorragend. Allerdings sind sie oft sehr schnell und neigen dazu, beim Springen zu dicht am Fuchs zu sein. Ein Schuss ist dann unmöglich. Besonders Waschbären stellen den Hundeführer vor Herausforderungen. Der Waschbär ist wehrhaft, stark und stellt sich in der Regel vor dem Hund. In engen Röhren oder Ballenstapeln kann das für den Hund gefährlich werden. Deshalb darf eine Strohmietenjagd im Waschbärrevier nie improvisiert werden. Ein Traktor mit Frontlader ist hier oft nötig, um Ballen zu bewegen oder den Zugang zu öffnen. Der Fahrer des Gefährts muss jedoch außerordentlich geübt sein. Er muss die Situation lesen und genau wissen, wo sich Hund und Wild befinden. Der Einsatz des Frontladers ist gefährlich. Werden Ballen unachtsam verschoben, kann der Hund eingeklemmt werden. Ein guter Hundeführer steht deshalb stets in direktem Kontakt mit dem Fahrer, und jeder Handgriff erfolgt abgestimmt.

Für einen guten Überblick kann einer der Schützen oben auf der Strohmiete positioniert werden.

Auch Marder sind regelmäßig zwischen den Strohballen anzutreffen.

Auch Marder und Iltis werden regelmäßig in Strohmieten angetroffen. Hier ist Geduld gefragt, denn das Wild springt selten schnell. Ein Hund, der klettern kann, ist bei diesen Raubwildarten von großem Vorteil. Er erreicht obere Lagen in der Miete und kann dort sicher arbeiten. Zu große Mieten sind dagegen problematisch, weil sie unübersichtlich werden und das Raubwild schwer herauszutreiben ist. Mehrere Hunde, die sich kennen und gemeinsam arbeiten können, sind in solchen Situationen oft sehr effektiv. Zwei Hunde können sich gegenseitig unterstützen, das Wild schneller finden. Voraussetzung ist, dass beide Hunde führig sind, sich verstehen und keinen Konkurrenzdruck aufbauen. Unerfahrene oder unverträgliche Hunde dürfen niemals gleichzeitig eingesetzt werden. Die Gefahr von Beißereien ist zu groß, besonders in engen Räumen. Eine Hundeglocke kann während der Arbeit hilfreich sein, um den Hund akustisch zu orten. Noch wichtiger ist jedoch der Einsatz eines Bauhundsenders, der die Position des Hundes auch unter mehreren Schichten Stroh zuverlässig anzeigt. So kann der Hundeführer jederzeit nachvollziehen, wo sich der Vierbeiner befindet und ob er gestellt hat. Das ist vor allem dann wichtig, wenn Ballen bewegt oder aufgelockert werden müssen.

Die Bejagung von Reisighaufen folgt ähnlichen Grundsätzen, ist aber oft unberechenbarer als die Jagd an Strohmieten. Fuchs, Marder, Iltis und Waschbär nutzen solche

Der Fuchs ist gesprungen, der Schütze hat umgehend reagiert.

Reisighaufen werden vom Raubwild gern als Unterschlupf genutzt.

Haufen gern als Tagesversteck. Der Hund muss hier nicht nur klettern, sondern auch sorgfältig suchen können, denn die Gänge sind unregelmäßig, locker und schwer einzuschätzen. Große Haufen sind kaum zu bejagen, weil das Wild zu viele Ausweichmöglichkeiten hat und der Hund oft nicht in alle Bereiche gelangt. Das Lüften von Reisighaufen mithilfe eines Frontladers kann sinnvoll sein, wenn der Hund Raubwild im Vorfeld angezeigt hat. Kleine bis mittlere Reisighaufen lassen sich dagegen mit einem erfahrenen Hund und ruhigem Vorgehen gut bearbeiten. Doch bei allen Einsätzen gilt: Sicherheit geht vor Jagderfolg. Der Hund steht immer im Mittelpunkt. Kein Raubwild ist es wert, einen Hund zu gefährden, der unter der Erde oder im Stroh sein Leben riskiert. Disziplin, Ruhe und Erfahrung sind die Grundvoraussetzungen jeder erfolgreichen Jagd an Strohmieten oder Reisighaufen. Mit dem richtigen Hund, einem verlässlichen Team und sauberer Vorbereitung lässt sich diese Form der Jagd aber nicht nur erfolgreich, sondern auch waidgerecht durchführen. Die Schützen werden so postiert, dass sie vom Fuchs nicht sofort eräugt werden. Sie stehen seitlich etwas zurückgesetzt und nicht an der Stirnseite der Strohmiete. Zusätzlich kann ein Jäger auf der Miete positioniert werden. Auch seitlich springende Füchse, die sich unter dem Silonetz durch Löcher und Überlappungen des Netzes hindurchzwängen, können so erlegt werden.

LUDERPLATZ ALS RAUBWILDMAGNET

Der Luderplatz ist ein Klassiker der Raubwildbejagung und eine wichtige Methode, um Raubwild zu bejagen. Richtig angelegt und konsequent betreut, lockt er Füchse, Marder und andere Prädatoren an zuvor definierte Punkte im Revier. An diesen Stellen kann dann gezielt angesessen werden. Doch entscheidend ist nicht nur der Platz an sich, sondern das Gesamtkonzept bei der Betreuung eines Luderplatzes. Lage, Erreichbarkeit, Tarnung, Windverhältnisse, Dauerhaftigkeit der Beschickung und die Möglichkeit, schnell und leise zu reagieren, wenn die Sendekamera ein Bild sendet, sind entscheidende Faktoren. Findet in den Nachbarrevieren keine Raubwildbejagung statt, empfiehlt es sich, die Luderplätze in Grenznähe anzulegen. Wenige, dafür regelmäßig gepflegte Plätze sind deutlich wirksamer als viele vernachlässigte Stellen.

Ein Luderplatz kann im Frühjahr als Frühwarnsystem dienen. Beobachtet man eine einzelne Fähe dabei, wie sie den gesamten Luderplatz abräumt, so versorgt sie mit ziemlicher Sicherheit ein Geheck, das so aufgespürt werden kann.

REGELMÄSSIG BESCHICKEN

Ab spätestens September sollte mit der regelmäßigen Beschickung begonnen werden, von da an baut sich die Akzeptanz auf und der Platz wird zunehmend vom Raubwild besucht. Wichtig ist, dass der Fuchs bei jedem Besuch einen Leckerbissen findet. Der Luderplatz muss gut erreichbar für das tägliche Beschicken sein. Gleichzeitig sollte er so gelegen sein, dass An- und Abmarschwege des Jägers nicht den Platz entlarven. Ein gut angelegter Pirschweg (schmal, gedeckt, leise begehbar) erlaubt es, rasch und verdeckt anzugehen, sobald die Sendekamera Aktivität meldet. Für den Ansitz empfiehlt sich, eine halboffene oder geschlossene Kanzel mit Dach, winddichter Bauweise und mit dunkler Rückwand. Diese Rückwand verhindert, dass der Fuchs die Silhouette des Jägers erkennt. Die Kanzel sollte so positioniert sein, dass Windrichtung und Sichtverhältnisse berücksichtigt werden. Der Wind muss vom Luderplatz zur Kanzel wehen, niemals umgekehrt. Kugelfang und ausreichend Schussfeld sind ebenfalls unerlässlich. Die Schussentfernung sollte in einem Bereich liegen, in dem der Jäger seine Waffe sicher und waidgerecht führen kann. Nicht zu weit, um einen sicheren Schuss gewährleisten zu können, aber auch nicht zu nah, damit das Raubwild den Jäger nicht vernimmt. Optimal ist es, wenn sich zwischen Ansitz und Luderplatz ein Fließgewässer befindet. Wasser überdeckt Geräusche des Jägers und erhöht die Wahrscheinlichkeit, dass sich das Raubwild ruhig annähert.

Die Wirkung eines Luderplatzes beruht auf dem täglichen Beschicken dessen. Luder muss bei jedem Besuch von Raubwild vorhanden sein. Vergraben oder abdecken des Luders, beispielsweise mit Stroh, schützt vor Aufnahme durch Greifvögel und beschäftigt das Raubwild an der Stelle. Ein faust-

Beim Morgenansitz hat es gepasst. Der Jäger hat den Fuchs am Luderplatz erlegt.

großer Luderbrocken reicht vollkommen aus. Häupter, Decken und Läufe vom Schalenwild haben am Luderplatz nichts zu suchen, da sie vom Raubwild nur verteilt werden. Moderne Sendekameras sind ein Schlüsselinstrument, um Aktivität am Luderplatz sofort zu erkennen. Beim Aufstellen der Kamera sollte darauf geachtet werden, dass die aufgehende beziehungsweise untergehende Sonne nicht blendet, ein möglichst großer Bereich des Luderplatzes einsehbar ist, sich die Kamera auf Kniehöhe befindet, um auch gut ansprechen zu können, und das Feuchtigkeit nicht die Sicht beeinträchtigt. Soll ein sich am Luderplatz befindlicher Fuchs angepirscht werden, muss der Jäger rasch aber geräuschlos vorankommen. Der Pirschweg sollte so angelegt sein, dass der Jäger nicht sofort eräugt werden kann und sich nicht durch einen lauten Untergrund verrät. Auch zur Aufzuchtzeit kann ein Luderplatz den Jäger unterstützen. Taucht eine Fähe auf und räumt den gesamten Luderplatz in einer Nacht ab, kann man entweder durch Ansitz oder weit entferntes Pirschen mit etwas Glück das Geheck finden, das sie mit dem gefundenen Luder versorgt. Weniger als Ablenkung, eher als Frühwarnsystem, ist ein Luderplatz somit auch zu dieser Zeit sinnvoll.

PIRSCHJAGD

In offenen Feldrevieren mit wenig Struktur hat sich die mobile Nachtpirsch, umgangssprachlich auch Gummipirsch genannt, bewährt. Dabei wird mit dem Fahrzeug systematisch das Revier abgefahren, die Umgebung mit einer Wärmebildkamera abgesucht und bei Sichtung passenden Raubwildes gepirscht. Diese Methode ist effizient, weil weitläufige Flächen kontrolliert und Raubwildaktivitäten direkt erkannt werden. Sobald ein Stück Raubwild gesichtet ist, entscheidet der Wind über das weitere Vorgehen. Ist die Windrichtung günstig, kann gepirscht werden. Andernfalls wird versucht, den Räuber auf dem Pass oder Rückzugsweg abzupassen. Mauspfeifchen, Hasenklage oder Vogelangstgeschrei können genutzt werden, um den zuvor ausgemachten Räuber in Schussentfernung zu locken.

Das Luder sollte möglichst vergraben werden, sonst finden sich rasch Greif- sowie Rabenvögel am Luderplatz ein.

Insbesondere in offenem Gelände bietet sich die Pirschjagd an.

LAUTLOS IST PFLICHT

Besonders bei Füchsen zeigt sich, dass ein Großteil feste Laufwege nutzt. Wer diese kennt, kann den Fuchs beispielsweise an Wegekreuzungen, Feldrändern oder Grabenübergängen abfangen. Möglichst lautloses Agieren ist bei der Pirsch Pflicht. Es entscheidet über Erfolg oder Misserfolg bei der nächtlichen Pirsch. Das Tragen von geräuscharmer Kleidung aus weichen, matten Stoffen ist absolut empfehlenswert. Steife, raschelnde Jacken oder Hosen aus günstigen Kunstfasern, die bei jeder Bewegung knistern, sind hingegen ungeeignet. Die Schuhe müssen bei der Pirsch zwei Dinge leisten. Sie müssen guten Halt geben auf wechselndem Untergrund und zugleich sehr leise sein. Weiche, griffige Sohlen bieten Halt auf Schlamm und Stoppeln. Old-School-Lederschuhe mit Gummiprofil schlucken Geräusche besonders gut. Gut eingelaufene Schuhe dämpfen besser, neue Sohlen sind häufig sehr laut.
Die Wärmebildkamera gehört zur Standardausrüstung des nächtlichen Pirschjägers. Sie sollte an einem Trageriemen oder noch besser in einem stabilen Brustgeschirr mitgeführt werden. So hat der Jäger die Hände frei, um zu locken, den Pirschstock aufzustellen oder schnell in Anschlag zu gehen. Das Gerät sollte dicht am Körper sitzen, nicht pendeln oder an andere Ausrüstungsgegenstände anschlagen. Ein weiches Neoprenband, ein Gurt mit Polsterung und eine einfache Schnellverschlusshalterung sind ideal. An der Waffe sollte ebenfalls nichts klappern. Metallteile am Gewehrriemen oder an der Waffe selbst (Schnallen, Karabiner) werden mit Klebeband, Filz oder Schrumpfschläuchen umwickelt. Auf diese Weise wird vermieden, dass Metall auf Metall schlägt und dabei verräterische Geräusche verursacht. Lockinstrumente werden so getragen, dass sie nicht gegen das Wärmebildgerät stoßen können. Am besten werden sie in einer separaten, gepolsterten Tasche am Gürtel getragen. Ein lautlos bedienbarer Pirschstock ist ebenfalls Pflicht. Klappernde Holzstöcke oder ähnliche Modelle sollten nicht verwendet werden. Schraubverbindungen werden mit Gummischeiben, Teflonband oder selbstklebendem Filz gegen Klappern gesichert. Bohrungen oder frei stehende Metallteile können bei Wind pfeifen oder klappern. Kleine Löcher oder Hohlräume lassen sich mit Gewebeband abkleben. Bewegliche Teile werden mit einem Stück Isolierband ruhiggestellt.

Füchse nutzen bei ihren Streifzügen häufig wiederholt dieselben Laufwege.

TECHNIK UND AUSRÜSTUNG

Die Nachtjagd steht und fällt mit der eingesetzten Technik. Ein gutes System besteht immer aus mehreren Komponenten, die perfekt zusammenarbeiten:

1. Wärmebildgerät oder Nachtsichtoptik
2. Zielfernrohr mit variabler Vergrößerung und Parallaxenausgleich
3. Montage, Adapter und Schießunterstützung
4. Passendes Kaliber und präzise Munition

Ohne moderne Technik wären nächtliche Einblicke ins Geschehen im Revier unmöglich.

WÄRMEBILDTECHNIK

Herzstück der modernen Raubwildbejagung ist die Wärmebildkamera. Ein leistungsstarkes Handgerät ermöglicht es, die Umgebung permanent abzusuchen und selbst kleine Wärmequellen auf große Distanz zu erkennen. Füchse, Marderhunde oder Waschbären werden häufig auf diese Weise ausgemacht, lange bevor sie den Jäger bemerken. Besonders in Sommermonaten, wenn keine Schneedecke vorhanden ist und somit Kontraste zwischen Wild und Hintergrund fehlen, ist die Wärmebildkamera unverzichtbar. Wichtig sind eine hohe Auflösung und ein möglichst breites Sehfeld für die Pirsch. Wer regelmäßig auf große Distanzen jagt, sollte Wert auf eine hohe Detektionsreichweite legen. Akkulaufzeit und einfache Bedienbarkeit sind ebenfalls entscheidend, da die Kamera oft stundenlang im Einsatz ist und in der Hand liegt. Wärmebildgeräte gehören mittlerweile fast schon zur Standardausrüstung eines jeden Jägers. Mit den Geräten lässt sich nahezu jede Wärmequelle, unabhängig von Licht, leichtem Nebel oder Bewuchs sicher erkennen.

Moderne Wärmebildgeräte verfügen heute häufig über integrierte Entfernungsmesser.

> Vor allem bei der Nachtjagd sind im Wärmebildgerät integrierte Laserentfernungsmesser besonders hilfreich, da man sich hier leicht verschätzt. Bereits Fehleinschätzungen von 50 m kann fatale Folgen, wie Fehlschüsse und dergleichen haben.

Moderne Geräte bieten hohe Auflösungen, Bildfrequenz und Kontrastdynamik. Wichtig ist der Umgang mit dem Bild. Man muss lernen, Bewegungen, Größen und Distanzen korrekt zu interpretieren. Geräte mit integriertem Laserentfernungsmesser sind besonders wertvoll, da sie die Entfernung exakt anzeigen. Das ist eine enorme Hilfe beim Schuss auf kleine Ziele bei Nacht und bei sehr weitläufigen Revierstrukturen. Fehlabschätzungen von 50 Metern können rasch zu Fehlschüssen führen. Welche Einstellung zur Darstellung verwendet wird, ist Geschmackssache.

NACHTSICHTGERÄTE, VORSATZ- UND NACHSATZSYSTEME

Nachtsichtgeräte arbeiten mit Restlicht oder Infrarotstrahlung und ermöglichen eine detailliertere Zielansprache als reine Wärmebildgeräte. In der Praxis wird häufig eine Kombination verwendet: Beobachtung mit Wärmebild, Schussabgabe mit Nachtsichtoptik. Für die Raubwildbejagung haben sich Wärmebildgeräte als besonders geeignet erwiesen, da das Raubwild häufig in Bewegung ist und mit der Wärmebildtechnik schnell entdeckt werden kann.

- Vorsatzgeräte (vor dem Zielfernrohr) verlängern die Baulänge und beeinflussen den Anschlag kaum.
- Nachsatzgeräte (hinter dem Okular) hingegen verändern den Augenabstand.

Ein nicht korrekt angepasster Anschlag kann bei stärkeren Kalibern und Nachsatzgeräten beim Schützen zu Verletzungen führen. Nasenbein- oder Augenbrauentreffer durch Rückstoß sind keine Seltenheit, wenn der Schaft nicht passt oder sich der Kopf zu nah am Gerät befindet. Deshalb muss vor Einsatz eines Nachsatzgeräts unbedingt der Anschlag auf dem Schießstand geprüft und auch bei Gebrauch im Revier immer wieder kontrolliert werden. Gegebenenfalls muss die Schaftlänge angepasst oder ein Gummipuffer an der Optik angebracht werden.

Nicht in allen Bundesländern ist die Nutzung von Vorsatztechnik bei der Raubwildjagd erlaubt!

Eine sensible Stelle bei der Nutzung von Vorsatzgeräten ist der Adapter.

OPTIK, ADAPTER UND STABILITÄT

Die Verbindung zwischen Zielfernrohr und Vorsatzgerät ist ein essenzieller Teil der Ausrüstung. Adapter und Schnellspannsysteme müssen wiederholgenau arbeiten. Selbst kleinste Toleranzen führen hier zu Treffpunktabweichungen. Gleiches gilt für die Montage des Glases auf der Waffe. Sie muss stabil, verwindungssteif und exakt justiert sein. Ein Parallaxenausgleich am Zielfernrohr kann bei hoher Vergrößerung sehr praktisch sein. Die Kombination aus Wärmebild-Handgerät und Vorsatz- oder Nachsatzoptik ist in der Praxis am vielseitigsten. Beobachtungsgerät sowie Visieroptik sind so klar getrennt, was Sicherheit und Präzision erhöht. Passende Montage, das richtige Zielfernrohr, ein gutes Vorsatzgerät mit passendem Adapter sowie eine geeignete Waffe mit Schalldämpfer und präziser Munition ermöglichen einen gezielten Schuss auf kleine Ziele.

Vor allem bei der Jagd mit reichlich Technik lauern zahlreiche Fehlerquellen, die regelmäßig überprüft und kontrolliert werden sollten. Eine kleine Schwachstelle im System kann zu Fehl- oder Krankschüssen führen. Das gesamte Equipment sollte deshalb regelmäßig geprüft und der Umgang damit geübt werden.

KALIBERWAHL UND SCHUSSABGABE

Bewährte Kaliber für die Nachtjagd sind .17 Hornet, .222 Rem., .223 Rem., .22-250 Rem., .204 Ruger oder 5,6 × 50R Mag. Sie bieten gestreckte Flugbahnen, geringen Rückstoß und ausreichend Energie für das sichere Töten kleiner bis mittlerer Raubwildarten. Schalldämpfer, sofern erlaubt, sind jagdethisch sinnvoll. Sie reduzieren den Mündungsknall, schonen das Gehör des Schützen und minimieren die Fluchtreaktion anderer Wildarten. Besonders bei wiederholten Ansitzen am selben Platz ist dies ein entscheidender Vorteil. Zur Stabilisierung des Schusses eignen sich Pirschstöcke, Zweibeine oder Ansitzgestelle. Eine stabile Auflage von Vorder- und Hinterschaft ist dabei wichtig, um saubere Schüsse abgeben zu können.

Kaliber wie die 5,5 x 50R Mag. weisen in der Regel hohe Mündungsgeschwindigkeiten auf.

Wie bei allem gilt: Im Vorfeld sollte der Jäger regelmäßig seine Schießfertigkeiten trainieren.

MEHRMALS PRO WOCHE IST IDEAL

Effektives Prädatorenmanagement bedeutet, regelmäßig und planvoll draußen zu sein – im Optimalfall mehrmals pro Woche, über Monate hinweg, abgestimmt auf Wetter, Wind und Revierstruktur. Nur so lässt sich die Raubwilddichte wirklich beeinflussen. Die Nachtjagd ersetzt dabei jedoch keine andere Art der Raubwildbejagung, sie ergänzt diese lediglich! Sie wirkt besonders dort, wo Fallen- und Baujagd an ihre Grenzen stoßen. Dies ist vor allem in weiten Feldrevieren, an Rändern großer Ackerflächen sowie in Schilf- oder Feuchtgebieten der Fall. Wer intensiv Nachtjagd betreibt, stellt schnell fest, dass vor allem Füchse bei der nächtlichen Einzeljagd zur Beute werden. In Revieren, in denen ein konsequentes und gut organisiertes Prädatorenmanagement betrieben wird, zeigt sich immer wieder, dass die verschiedenen Jagdarten sehr unterschiedlich zur Gesamtstrecke beitragen und sich gegenseitig ergänzen. Besonders dort, wo eine hohe Fallendichte vorhanden ist, etwa zwei Betonrohrfallen je 100 Hektar Revierfläche, ergänzt durch Kofferfallen, Kastenfallen und gegebenenfalls Kunstbaufallen lassen sich klare Tendenzen erkennen. Der Streckenanteil der Fallenjagd liegt beim Fuchs in der Regel bei 10 bis 20 Prozent der Gesamtstrecke. Der Beitrag der Baujagd, trotz ihrer jagdlich hohen Bedeutung und ihres gezielten Ansatzes, liegt meist im Bereich von 5 bis 10 Prozent. Den mit Abstand größten Anteil liefert die Nachtjagd unter Zuhilfenahme von Wärmebild- oder Nachtsichttechnik mit rund 70 %. Diese Verteilung verdeutlicht, dass eine erfolgreiche Fuchsbejagung nur im Zusammenspiel mehrerer Methoden funktioniert. Keine Jagdart

Wie bei allen Jagdarten ist es auch für die nächtliche Pirsch- und Ansitzjagd entscheidend, die eigenen Schießfertigkeiten auf dem Schießstand zu trainieren. Regelmäßiges Üben auf unterschiedliche Schussdistanzen unter Einsatz der Technik sollte zum Pflichtprogramm für verantwortungsbewusste Jäger gehören.

allein kann den gewünschten Reduktionseffekt erzielen. Die Fallenjagd arbeitet still und kontinuierlich im Hintergrund und ist vor allem bei Raubwildarten wie Waschbär und Marder besonders wichtig. Die Baujagd setzt punktuelle, aber präzise Eingriffe und ist vor allem zum Ende der Jagdzeit entscheidend. Die Nachtjagd sorgt für den entscheidenden quantitativen Erfolg. Erst das Zusammenspiel aller drei Komponenten ergibt ein ausgewogenes, wirkungsvolles Prädatorenmanagement.

Wildkameras liefern dem Jäger Einblicke ins Reviergeschehen, die ansonsten für ihn verborgen bleiben würden.

WILDKAMERAS – SEHEN, WAS WIRKLICH PASSIERT

Wer wirklich wissen will, was im Revier passiert, kommt um den Einsatz von Wildkameras nicht herum. Kaum ein anderes Hilfsmittel bietet dem Jäger heute eine vergleichbare Möglichkeit, Wildaktivitäten sichtbar zu machen. Vor allem bei der Raubwildbejagung, bei der vieles in der Dämmerung oder nachts geschieht, sind Wildkameras ein unschätzbares Werkzeug zur Beobachtung, Früherkennung und Effizienzkontrolle. Die technischen Helferlein zeigen, wo sich Füchse, Waschbären oder Marder tatsächlich bewegen, wann sie aktiv sind und welche Wechsel, Baue oder Luderplätze regelmäßig aufgesucht werden. Ein gezielt aufgebautes Wildkameranetz kann

Je nach Einstellung überwachen die Kameras das Geschehen im Revier sowohl am Tag als auch in der Nacht.

das gesamte Prädatorenmanagement erheblich verbessern. Kameras an Natur- oder Kunstbauen, Luderplätzen, Durchlässen und Zwangspässen liefern wertvolle Informationen darüber, wo sich Raubwild aktuell aufhält oder einwechselt. Besonders in Revieren mit wechselnden Strukturen, wie beispielsweise nach der Ernte von Feldfrüchten, hilft die Technik, Veränderungen rasch zu erkennen. So kann der Jäger gezielt reagieren, wie etwa durch das Scharfstellen einer Falle, das Einrichten eines Ansitzes oder die Kontrolle eines Baus. Es müssen dabei nicht zwingend sendefähige Wildkameras eingesetzt werden, auch einfache Modelle leisten hervorragende Dienste, wenn sie regelmäßig kontrolliert werden.

Die Entscheidung hängt oft von der Reviergröße, der Erreichbarkeit der Standorte und den zeitlichen Kapazitäten ab. In unwegsamem Gelände, an entlegenen Fallen oder den Grenzen des Reviers lohnt sich der Einsatz von Sendekameras, die bei Bewegung sofort ein Bild versenden. So kann der Jäger unmittelbar reagieren.

Die Standortwahl ist für den Wildkameraeinsatz äußerst entscheidend, eine Kamera ist nur so gut wie ihr Standort. Sie sollte immer so ausgerichtet sein, dass die Sonne in Dämmerungszeiten nicht direkt in die Linse scheint, sonst entstehen Überbelichtungen, und entscheidende Details gehen verloren. Ideal ist eine nördliche bis nordöstliche Ausrichtung, um Blendlicht bei Sonnenauf- und -untergang zu vermeiden. Die Montagehöhe der Kamera ist ebenfalls entscheidend. Auf Kniehöhe (etwa 40–60 cm über dem Boden) lassen sich die besten Aufnahmen erzielen. In dieser Position erfassen die Sensoren den Bewegungsbereich des Raubwildes optimal, und die Aufnahmen zeigen Körperform, Verhalten und Fellzeichnung so deutlich, dass eine sichere Artansprache in der Regel möglich ist. Besonders bei der Unterscheidung zwischen Fuchs, Dachs, Marderhund oder Waschbär hilft diese Perspektive enorm. Wer mit einem größeren Kameranetz arbeitet, weiß, dass regelmäßige Kontrolle und Pflege entscheidend sind. Akkus oder Batterien müssen rechtzeitig gewechselt, SD-Karten ausgelesen werden. Vegetation, die im Laufe der Jahreszeiten wächst, sollte regelmäßig kurzgehalten werden. Andernfalls führen Zweige oder andere Vegetationsteile vor dem Sensor zu Fehlauslösungen, besonders an windigen Tagen. Diese Pflegearbeiten sind zeitaufwendig, aber lohnend, denn die Auswertung der Aufnahmen liefert nicht nur Momentaufnahmen, sondern über Wochen und Monate hinweg wertvolle Bewegungsprofile des Raubwildes. Diese Informationen ermöglichen eine deutlich gezieltere Bejagung und vermeiden damit unnötige Störungen im Revier durch den Jäger.

Ein großer Vorteil des Kameraeinsatzes liegt in der Früherkennung von Zuwanderung. Besonders im Spätsommer und Herbst, wenn Jungfüchse abwandern und neue Reviere suchen, kann der Jäger durch die Kameraaktivität frühzeitig erkennen, wann Rotröcke ins Revier zuwandern. So lassen sich Fallen scharf stellen oder Luderplätze gezielt aktivieren, bevor sich die Räuber dauerhaft ansiedeln. Noch wichtiger ist dies zum Ende der Jagdzeit, wenn Fähen geeignete Aufzuchtstätten suchen. Ebenso lässt sich mit Kameras die Effizienz der eigenen Maßnahmen überprüfen. Sind Luderplätze regelmäßig besucht? Werden Fallen angenommen oder gemieden? Wie häufig sind Fuchs, Waschbär oder Marder tatsächlich unterwegs? Beim Einsatz von Wildkameras ist stets auf Datenschutz und rechtliche Vorgaben zu achten. Kameras dürfen ausschließlich auf jagdlich genutzten Flächen positioniert werden. Öffentliche Wege oder Bereiche dürfen nicht erfasst werden. Nahe der Wildkameras aufgehängte Schilder mit dem Hinweis auf Kameraüberwachung sind vielerorts vorgeschrieben oder dringend empfohlen.

MODERNE FALLENJAGD

Die Fallenjagd hat in den vergangenen Jahren eine Renaissance erlebt.

Lange Zeit als aufwendig, unzuverlässig und tierschutzrechtlich heikel angesehen, hat sie sich mit der Verfügbarkeit professioneller Fangsysteme, moderner Technik und einer neuen Generation an engagierten Jägern zu einem unverzichtbaren Instrument des Prädatorenmanagements entwickelt. Richtig umgesetzt, ist sie tierschutzgerecht und äußerst effektiv. Im Zentrum jeder wirkungsvollen Fallenjagd steht ein flächendeckendes Netz an hochwertigen Fangsystemen. Die Betonrohrfalle hat sich dabei besonders bewährt.

Sie ist robust, langlebig, wetterfest und bei sachgerechtem Einsatz und je nach System extrem fängig. In den vergangenen Jahren kamen verschiedene neue Systeme auf den Markt, die sich je nach Auslösung und System voneinander unterscheiden. Entscheidend ist ein möglichst großes Einlaufmaß. In der Praxis fangen Betonrohrfallen mit einem Durchmesser von 30 cm besser als kleiner bemessene Fallensysteme. Die Auslösung ist eine weitere wesentliche Komponente, die über den Fangerfolg einer Falle entscheidet. Raubwild betritt in der Regel vorsichtig die Falle. Alle Fremdkörper werden bewindet und untersucht. Sobald die empfindliche Nase oder die feinfühligen Tasthaare etwas abschreckt, verlässt das Raubwild wieder die Falle, ohne diese auszulösen. Moderne Auslösesysteme, die durch Lichtschranke, Bewegungsmelder, Gewicht, Temperatur oder Bilderkennung auslösen, funktionieren häufig noch nicht zuverlässig genug. Stolperschnüre, hochstehende Trittbrettauslösungen aus Metall oder andere Systeme fangen zwar auch, Fallen mit ebenerdigem Wipp-Auslösesystem sind jedoch deutlich effizienter. Falls das Raubwild den innenliegenden Köder nur bewindet, löst es die Falle bereits aus, selbst wenn das Wild nur eine Brante in die mittlere Röhre setzt. Die ideale Dichte

Betonrohrfallen lassen sich nahezu vollständig verblenden und sind äußerst langlebig.

solcher Fallen ist abhängig von der Struktur des Reviers, dem Nahrungsangebot und dem Raubwildvorkommen. In strukturreichen Revieren mit hoher Niederwilddichte, vielen Deckungsinseln, Hecken, Feldgehölzen oder Wasserläufen sind deutlich mehr Fallen nötig als in großflächigen Ackergegenden mit wenigen Rückzugsräumen. Das reine Betonrohrfallennetz lässt sich sinnvoll ergänzen durch Kasten- oder Kofferfallen sowie transportable Fangsysteme. Vor allem bei Nutrias oder Waschbären, deren Aktivität und Standortwahl stark saisonal und dynamisch sind, ist Mobilität entscheidend. In kalten Monaten etwa zieht es Waschbären zu guten Versteckmöglichkeiten, hier sind mobile Fallen mit möglichst geringem Gewicht und dennoch hoher Haltbarkeit und Stabilität gefragt.

Durch die Einführung von Fallenmeldern wurde die Fangjagd deutlich erleichert.

FALLENMELDER

Ein echter Meilenstein in der Entwicklung der Fallenjagd war die Einführung elektronischer Fangmeldesysteme. Sie melden dem Jäger unmittelbar nach Auslösung einer Falle. Bei der Meldung kann in der Regel zwischen Meldungen über SMS, Anruf, E-Mail oder spezielle Apps gewählt werden. Dadurch kann die Fallenkontrolle stark reduziert und der Stress für das gefangene Wild minimiert werden. In der Praxis hat sich bewährt, dass jede Falle von zwei Per-

Mit Wipprohrfallen lassen sich nahezu alle Raubwildarten gut fangen.

sonen betreut wird. Fällt einer der Betreuer kurzfristig aus, sei es durch Krankheit, berufliche Verpflichtungen oder Urlaub, ist die Betreuung weiterhin gesichert. Zudem motiviert ein solches Tandemmodell zu regelmäßiger Pflege, Kontrolle und Beköderung der Fallen. Ein oft unterschätzter Erfolgsfaktor ist die Wahl des Fangplatzes. Natürlich gibt es Hotspots mit hohem Raubwildvorkommen, doch wenn diese schlecht erreichbar sind, wie etwa in schwer zugänglichen Geländen, hinter Gräben oder in dornigen Gebüschen, sinkt mit der Zeit die Sorgfalt bei der Pflege und Beköderung. Es ist daher in vielen Fällen zielführender, eine Falle an einem gut zugänglichen, aber vielleicht nur mittelmäßig attraktiven Standort zu betreiben, der dafür konsequent gepflegt wird. Denn eine gepflegte, sauber gehaltene, beköderte Falle fängt immer besser als eine vernachlässigte Falle in Toplage.

AUF DEN KÖDER KOMMT ES AN

Große Aufmerksamkeit verdient auch das Thema Köderwahl. Während früher oft auf Köder wie Fisch, Eier oder Luderreste auch zu Beginn der Jagdzeit gesetzt wurde, hat sich heute ein differenzierterer Ansatz etabliert. In Zwangspasslagen, etwa an engen Wechseln oder Durchlassen, sollte bewusst auf große, optisch dominante Köder verzichtet werden. Diese wirken auf das Wild eher abschreckend. Stattdessen empfiehlt sich ein wittrungsintensiver, klein dimensionierter Köder wie etwa Fischöl, Leberwurst, Hundetrockenfutter oder Fruchtsirup, der das Raubwild neugierig macht. Besonders wichtig ist, dass die Köderstelle sauber bleibt. Vergammelte Reste unter den Branten wirken abschreckend, werden gemieden oder führen dazu, dass das Wild an der Falle vorbeischnürt, ohne sie zu betreten. Optisch wirkende Köder wie Hühnereier sind ebenfalls bestens geeignet. Auch Räucherfischabfälle oder Luderreste können in den kalten Monaten erfolgsversprechend sein.

Äußerst entscheidend sind auch Kenntnisse über das Verhalten von Raubwild. Die meisten Raubwildarten sind selten wirklich hungrig – sie sind satt, aber neugierig. Ein interessanter Geruch, ein fremder Duft weckt jedoch häufig ihr Interesse. Je nach Landesgesetzgebung kann zudem auf Lockmittel im Fachhandel, Hundefutter oder selbst gemischte Köder wie Sweetfish gesetzt werden. Sweetfish ist ein beliebter Köder in Nordamerika. Hierfür werden Fischabfälle mit süßen Zutaten vermengt. Zum Beispiel kann man Ölsardinen, Räucherfisch mit Erdnussbutter oder Schokoladencreme vermengen. Auch Rübensirup eignet sich dafür. Das Gemisch entwickelt eine sehr intensive, weit wahrnehmbare Wittrung, die alle

Eier haben durch ihre Optik eine anziehende Wirkung auf Raubwild.

Leberwurst ist leicht zu handhaben und betört Raubwild durch ihren intensiven Geruch.

Raubwildarten anzieht. Häufig reicht es aus, dass der Fuchs oder Waschbär die Köderstelle bewindet, abhängig von Auslösung und Fallenkonstruktion genügt dies bereits, um die Falle auszulösen.

KOFFERFALLE

Die Kofferfalle ist eine der kostengünstigsten und praktikabelsten Fallen. Sie eignet sich bestens als ergänzendes System zu Betonrohrfallen. Kofferfallen lassen sich vergleichsweise günstig selbst bauen und sind zudem kostengünstiger als andere Fangsysteme. Kofferfallen gibt es in verschiedenen Bauweisen. Gemeinsame Merkmale sind ein stabiler Fangraum und eine Auslösung, die das Schließen nur dann ermöglicht, wenn sich das zu fangende Tier vollständig in der Falle befindet. Gängige Auslösungen sind das mechanische Fangschloss, Köderabzug oder ein Trittbrett. Entscheidend ist es, dass die Mechanik so eingestellt ist, dass die Falle erst auslöst, wenn sich das Tier vollständig im Fangraum befindet. Für den Fuchs hat sich ein Mindest-Innenmaß von etwa 120 × 130 cm bewährt – je nach Bauweise sind größere Systeme vorteilhaft. Die Falle sollte so aufgestellt werden, dass der

Kofferfallen können selbst gefertigt werden und fangen zudem zuverlässig.

obere Teil des Koffers ungefähr 40 cm hoch aufgestellt wird. Oberseite und Fangraum müssen so gestaltet sein, dass nach Auslösung im Fangraum vollständige Dunkelheit herrscht. Ein stabiles Gitter sowie ein Deckel oder eine dichte Plane verhindern Lichteinfall und reduzieren Stress beim gefangenen Tier.
Kofferfallen sind durch ihre einfache Bauweise extrem vielseitig einsetzbar. Hochgestellt angebracht, sind sie besonders interessant an Schwarzwildkirrungen, wo sie erhöht positioniert Waschbären, Marder und Füchse fangen. Ebenfalls sinnvoll sind sie in Lebensräumen, die zeitweise überschwemmt sind. Hierbei handelt es sich beispielsweise um Schilfstreifen oder Uferzonen, in denen Marder, Iltis sowie Waschbär auftauchen. An Luderplätzen können sie ebenfalls ergänzend eingesetzt werden.

ZUGANG ZUR FALLE

Die Fallen sollten stets so ausgerichtet sein, dass der Laufweg für das einwechselnde Raubwild natürlich wirkt. Eine kleine Rampe oder ein eingegrabener Zugang erleichtern dem Raubwild das Betreten des Fangraums. Zusätzlicher Vorteil von Kofferfallen ist, dass das Raubwild von drei Seiten in die Falle gelangen kann. Wird für das Ausstreuen des Fanginnenraums Material aus der Umgebung der Falle genutzt, ruft ein sich ändernder Untergrund beim Raubwild kein Misstrauen hervor. Um Wetterfestigkeit und damit Langlebigkeit bei den Fallen zu erreichen, sollten diese aus robustem Holz oder Stahlblech gefertigt werden. Scharfe Kanten an den Bauteilen sind unbedingt zu vermeiden. Alle Einlaufschienen sollten abgerundet sein, damit Branten und Lunten nicht eingeklemmt werden können. Gefangene Tiere müssen vom Fangjäger zügig und fachgerecht entnommen werden. Nichtzielarten sind sofort unversehrt freizulassen. Gefangenes Raubwild ist waidgerecht zu erlegen.

KASTENFALLE

Die Kastenfalle ist ein bewährtes, flexibles und relativ einfach zu bauendes Fanggerät, das ein Betonrohrfallennetz ebenfalls hervorragend ergänzt. Entscheidend für den Fangerfolg ist dabei weniger das Material als das Einlaufmaß. Je großzügiger die Eingangsmaße, desto höher die Chance, dass Fuchs, Dachs, Marder oder Waschbär ohne Scheu die Falle betritt und auslöst. Praxiserprobte Mindestmaße sind etwa 30 × 40 Zentimeter am Eingang der Falle und eine Fallenlänge von mindestens 180 Zentimetern. So hat das Tier ausreichend Platz, sich ungehindert im Fangraum zu bewegen und den Auslösemechanismus freizugeben. Als Auslösung hat sich die ebenerdige Wippbrettauslösung bewährt. Sie ist simpel zu fertigen, robust und erlaubt es, die Auslöse-Empfindlichkeit fein zu justieren. Die Wippe sollte so montiert sein, dass die Falle erst dann schließt, wenn

Durch ihr verhältnismäßig geringes Gewicht sind Kastenfallen im Revier flexibel einsetzbar.

Kunststoff hat mittlerweile auch bei Fangjagd Einzug erhalten. Vorteil: Das Material ist sehr langlebig.

sich das Tier vollständig im Fangraum befindet. Eine große Wippe fängt grundsätzlich besser als eine kleine, da das Wild häufig den Köder nur bewindet und dabei die Falle bereits auslöst.

Beim Bau der Kastenfalle sind Holz, Kunststoff oder Stahlblech geeignete Materialien, jedes hat individuelle Vor- und Nachteile in Bezug auf Gewicht, Witterungsbeständigkeit und Langlebigkeit. Wichtiger als die Materialwahl ist, dass alle Kanten abgerundet, Schrauben versenkt und Spaltmaße so gestaltet sind, dass sich keine Gliedmaßen einklemmen können und möglichst wenig Licht in den Fangraum gelangt.

Oberhalb der Klappen sollte ein Sichtfenster mit stabilem Gitter angebracht werden – groß genug, damit der Schütze das Tier aus der Nähe ansprechen und einen Fangschuss antragen kann. Dieses Fenster sollte möglichst dicht an den Klappen liegen, dort drückt sich das gefangene Wild in der Regel.

Kastenfallen entfalten ihre größte Wirkung an Zwangspässen, zum Beispiel entlang von

Gefangenes Wild sollte zügig entnommen werden.

Kastenfallen sind eine ideale Ergänzung im Netz aus Betonrohrfallen.

Zäunen, an Grabenüberquerungen oder in Durchlässen unter Wegen. Auch entlang von Wasserläufen, wo Tiere schmale Übergänge nutzen, sind sie besonders fängig. In solchen Situationen ergänzt die Kastenfalle das Betonrohrnetz ideal.

Betonrohrfallen sind robust sowie langlebig, Kastenfallen hingegen erlauben Mobilität und schnelle Anpassung an kurzfristige Hotspots. Wichtig ist die natürliche Anbindung der Falle: Eine kleine Rampe, lockere Tarnung mit Reisig und eine unauffällige Einfassung erhöhen die Akzeptanz beim Wild. Nach einem Fang empfiehlt es sich, die Falle grob mit Laub oder Moos auszuwischen, um starke Fremdgerüche zu reduzieren. Die häufig zitierte Sorge, der Geruch des Jägers oder der Adrenalinschweiß des erlegten Wildes würde die Falle unattraktiv fürs Raubwild machen, hat sich in der Praxis nicht bestätigt. Findet sich Wasser in unmittelbarer Nähe, kann nach der Entnahme der Fangbereich grob damit ausgespült werden.

Gefangene Tiere dürfen nicht unnötig leiden, eine zügige Entnahme ist selbstverständlich. Ungewollte Fänge sind unverzüglich und schonend zu befreien. Die Kastenfalle ist kein Mittel für Improvisation oder experimentelle Bastellösungen ohne Sachverstand. Wer seine Fallen selbst baut, sollte sich an bewährten Konstruktionsplänen orientieren, die rechtlichen Vorgaben kennen und die Fallen regelmäßig überprüfen und warten. Mit der richtigen Dimensionierung, einer robusten, tierschutzgerechten Auslösung, einer durchdachten Aufstellung an Zwangspässen sowie einer konsequenten Nachsorge ist die Kastenfalle ein wertvoller Baustein im modernen Fangnetz – mobil, kosteneffizient und sehr fängig gerade dort, wo stationäre Systeme allein nicht ausreichen.

KUNSTBAUFALLEN

Kunstbaue lassen sich nicht nur mit dem Hund bejagen, sie können bei Bedarf auch zu effektiven Kunstbaufallen umgerüstet werden. Das ist besonders dann sinnvoll, wenn keine geeigneten Bauhunde zur Verfügung stehen oder in sehr offenen strukturarmen Revieren, in denen der Fuchs jegliche Deckung sofort annimmt. Für die Umrüstung gibt es verschiedene Systeme und Herangehensweisen, doch eines ist stets entscheidend: Die Auslösung sollte möglichst weit hinten, also nah am Kessel, verbaut sein. Es hat sich gezeigt, dass Füchse in den ersten zwei Metern einer Röhre ausgesprochen vorsichtig sind. Wird die Auslösung zu weit vorn montiert, zögern die Tiere und schliefen häufig nicht vollständig ein.

Als Auslösungen haben sich in der Praxis mechanische Rückenauslösungen oder Wippbrettauslösungen bewährt. Die Konstruktion muss dabei robust sein und auch unter feuchten, verschmutzten Bedingungen zuverlässig arbeiten. Ein praktisches Problem bei Kunstbaufallen bleibt jedoch bestehen: das Abfangen des Wildes. Anders als bei frei stehenden Betonrohrfallen ist das direkte Hineinbefördern in einen Abfangkorb häufig komplizierter. Der einzige wirklich verlässliche Helfer dabei ist oft die Nutzung einer Schornsteinfegerbürste. Mit ihr lässt sich das gestellte Wild vorsichtig in Richtung Korb oder Fangraum schieben.

ALTERNATIVE ZUM KUNSTBAU

Kunstbaufallen sind insbesondere dort zu empfehlen, wo die klassische Baujagd am Kunstbau kaum Erfolg bringt. Häufig kontrollieren Füchse einen Kunstbau nur sporadisch. Sie bewinden die Anlage, prüfen sie, nutzen sie kurz, aber halten sich nicht dauerhaft darin auf. Das ist häufig dann der Fall, wenn in der Landschaft viele natürliche Baue vorhanden sind und gute Alternativen bestehen. In solchen Situationen ist das Umrüsten sinnvoll. Liegt der Bau ohnehin nur phasenweise in Nutzung, erhöht eine gut eingestellte Kunstbaufalle die Chance, einen Fuchs zur richtigen Zeit sicher zu fangen. Zusammengefasst sind Kunstbaufallen eine weitere Ergänzung im Bereich Fallenjagd vor allem dort, wo Hunde nicht zur Verfügung stehen und wo die klassische Baujagd am Kunstbau keinen Erfolg bringt. Die moderne Fallenjagd ist weit mehr als das bloße Aufstellen und Kontrollieren einer Falle. Sie ist eine hochpräzise, systematisch geplante und dauerhafte Maßnahme, die das Prädatorenmanagement auf ein neues Niveau hebt. Sie ersetzt keine andere Jagdart, aber sie ergänzt sie auf ideale Weise, arbeitet im Hintergrund, rund um die Uhr, bei jedem Wetter und oft dort, wo der Schuss nicht möglich oder sinnvoll ist. In Kombination mit Bau-, Nacht-, Reiz- und Ansitzjagd bildet sie eine der tragenden Säulen erfolgreicher Niederwildhege.

WIESELFANG

Das große Wiesel, auch Hermelin genannt, wird häufig unterschätzt. Während die Aufmerksamkeit in der Raubwildbejagung oft auf Arten wie Fuchs, Waschbär oder Dachs

Hauptsächlich ernährt sich das Hermelin von Mäusen.

gerichtet ist, besetzt das Hermelin, ebenso wie der Iltis, eine ökologische Nische, die gerade dann wirksam wird, wenn größere Raubsäuger erfolgreich bejagt wurden. Obwohl seine Hauptbeute in erster Linie aus Kleinsäugern besteht, kann er unter Umständen auch eine Einflussgröße für unser Niederwild sein. Trotz seiner Tagaktivität ist das große Wiesel nur selten in Anblick zu bekommen. Seine versteckte Lebensweise, seine Wendigkeit und die geringe Körpergröße machen es zu einem schwer nachzuweisenden Raubtier. Dabei ist seine Raumnutzung häufig erstaunlich klein und beträgt nur wenige Hektar. Die Größen der genutzten Areale hängen dabei vor allem von der Nahrungsverfügbarkeit ab. In Gegenden mit viel Nahrung sind die genutzten Räume kleiner als in Bereichen mit wenig Nahrung. Dies hat zur Folge, dass für eine flächendeckende Erfassung und effektive Bejagung eine sehr hohe Dichte an Fallen notwendig ist. Der Wieselfang lässt sich in der Praxis nur mit der Wieselwippbrettfalle in wirksamer Weise und auf großer Fläche umsetzen. In manchen Bundesländern ist die Verwendung dieser Falle eingeschränkt oder verboten. Effektive Alternativen gibt es kaum.

Doch auch anderes Wild, wie in diesem Fall ein Jungkaninchen, können vom kleinen Räuber überwältigt werden.

NACH DER ERNTE FANGEN

Der August hat sich als besonders geeigneter Zeitraum erwiesen, um den Wieselfang flächendeckend durchzuführen. Die Felder sind abgeerntet, Wiesen gemäht und die Wiesel konzentrieren ihre Aktivität entlang noch bestehender Deckungsstrukturen, etwa an Gräben, Wegrändern, Strohmieten, Reisighaufen, Feldscheunen oder mit Gras bestandenen Banketten. Die Fallen werden dabei idealerweise alle 100 bis 200 Meter rechtwinklig zum Weg oder zu den linearen Strukturen aufgestellt. Dies erleichtert die Kontrolle, da sich die Stellung des Wippbretts bereits beim Vorbeifahren erkennen lässt. Mit einem Bestand von 20 oder mehr Fallen kann so ein gesamtes Wegesystem

Das Große Wiesel nutzt zwar gern Wege, lässt sich aber dennoch schwer beobachten.

Große Wiesel werden am besten mit der Wippbrettfalle gefangen.

oder ein Revierteil binnen zwei Wochen vollständig abgefangen werden. Anschließend werden die Fallen an die nächste Linie versetzt. So lässt sich der gesamte August und bei Bedarf auch der September optimal nutzen, um das Revier systematisch abzufangen. Nicht selten ist die Überraschung im ersten Anwendungsjahr groß, wenn eine Vielzahl von Hermelinen gefangen wird, obwohl zuvor kaum Sichtungen zustande kamen. Vor allem in der Aufzuchtzeit ist das Wiesel besonders aktiv. Die Fähe versorgt ihre Welpen unter hohem Energieaufwand und reißt dabei Beutetiere bis Kaninchengröße. Für Junghasen, Fasanenküken und Gelege stellt das Hermelin in dieser Phase eine ernste Bedrohung dar. Gelege werden oft vollständig ausgeräumt. Ein sicheres Indiz für Wieselprädation ist ein geöffnetes Ei mit sauberem Bruch am Eipol – ein Zeichen, welches eindeutig auf ein Wiesel als Täter hindeutet.

Beim Fang haben sich größere Wippbrettfallen mit Einlaufmaßen von mindestens

Die Entnahme der Wiesel erfolgt mit einem Abfangkorb. Darin erfolgt der Fangschuss.

9 × 11 cm und einer Länge von mindestens 70 cm bewährt. Entscheidend ist der Abstand vom Wippbrett zur Fallendecke. Ist dieser Spalt zu klein oder liegt das Wippbrett am Fallendeckel an, fängt sich das Wiesel nicht. Es verlässt den Fangraum, bevor es über den Wipppunkt kommt. Der Fangraum muss groß genug sein, dass das Wiesel weit genug in die Falle eindringt, um die Wippe auszulösen, und gleichzeitig genügend Platz bieten, damit sich der kleine Räuber im Fangraum bewegen kann. Die Positionierung an trockenen Durchlässen, Wegrändern oder Grabenüberfahrten hat sich als besonders fängig erwiesen. Wiesel sind aktive Jäger, die Schlupflöcher systematisch nach Mäusen absuchen. Deshalb wird die Falle in der Regel nicht beködert. Die Wippe kann zusätzlich mit einem roten Punkt oder einer anderen Markierung versehen werden, um die Auslösung bei der Fallenkontrolle leichter zu erkennen. Bei der Entnahme ist gemäß aktueller Tierschutzrichtlinien ausschließlich die Entnahme im Abfangkorb erlaubt. Anschließend erfolgt der Fangschuss. Ein trickreicher Zusatz ist die Verwendung von Wieselduft. Der Geruch eines Artgenossen kann Wiesel anlocken und zur Kontrolle der Falle veranlassen. Besonders effektiv ist dieses Vorgehen nach Sichtungen im Winter, wenn das Raumnutzungsverhalten auf sehr kleine Areale begrenzt ist. In solchen Fällen genügt häufig schon der Einsatz weniger Fallen, um ein Wiesel binnen weniger Tage zu fangen. Der Wieselfang ist ein stiller, aber effektiver Beitrag zum Schutz unserer Zielarten. Er verlangt eine andere Herangehensweise als die klassische Fallenjagd auf größere Prädatoren, zeigt jedoch deutlich, wie wichtig es ist, auch die kleinen Beutegreifer im Blick zu behalten. Im Kontext der Gesamtstrategie des Prädatorenmanagements ist der Wieselfang keine Randerscheinung, sondern ein präzises Instrument, um einen stark unterschätzen Räuber effektiv zu reduzieren.

In kurzer Zeit lassen sich bei richtigem Vorgehen erstaunliche Strecken bei diesem kleinen Räuber erzielen.

Die Jagdstrecke des Hermelins verharrt seit Jahren auf einem weitgehend konstanten Niveau und liegt bundesweit bei etwa 3.500 Stück pro Jahr. Nur eine flächendeckende, systematische Bejagung mit der Wieselwippbrettfalle kann die Dichte im Revier ernsthaft und messbar reduzieren.

ÜBER ANDERE RÄUBER

Der Fuchs ist Hauptprädator in unseren einheimischen Revieren. Doch auch anderen Räubern sollte unsere Aufmerksamkeit gelten.

ILTIS

Der Iltis zählt zu den heimischen Raubsäugern, dessen Bedeutung im jagdlichen Kontext lange Zeit unterschätzt wurde. In den offiziellen Jagdstrecken zeigt sich bundesweit seit Jahren ein rückläufiger Trend. Dieser Rückgang ist jedoch nicht ausschließlich auf eine schwindende Population zurückzuführen, sondern steht in engem Zusammenhang mit rechtlichen Änderungen und einem gesellschaftlichen Wandel im Umgang mit Prädatoren. Inzwischen haben zahlreiche Bundesländer die Jagd auf den Iltis eingeschränkt oder gänzlich untersagt. In acht Bundesländern ist der Einsatz von Totschlagfallen verboten, in sechs Ländern steht der Iltis sogar unter ganzjährigem Schutz. Diese rechtlichen Rahmenbedingungen schlagen sich deutlich in den bundesweiten Streckenzahlen nieder – nicht zwangsläufig als Spiegelbild eines Bestandsrückgangs, sondern eher als Ausdruck veränderter Bejagungsmöglichkeiten. Gleichzeitig zeigen aktuelle Zahlen aus anderen Bundesländern, etwa aus Nordrhein-Westfalen, eine entgegengesetzte Tendenz. Hier nehmen die Fallwildmeldungen von Iltissen wieder zu, was auf eine tatsächliche Zunahme der Bestände hinweist. Diese Ent-

In einigen Bundesländern genießt der Iltis mittlerweile eine ganzjährige Schonzeit.

Neben Gelegen und Kleinsäugern stehen vor allem Amphibien auf dem Speiseplan des Iltisses.

wicklung wird durch zahlreiche jagdpraktische Beobachtungen bestätigt. Es zeigt sich ein deutlicher Zusammenhang zwischen der Reduktion dominanter Beutegreifer wie etwa Fuchs, Waschbär oder Marderhund und dem zahlenmäßigen Anstieg kleinerer Raubsäuger wie dem Iltis. Wird das Revier gezielt von diesen stärkeren Konkurrenten entlastet, nutzen kleinere Arten die frei gewordene ökologische Nische. Der Iltis profitiert dabei insbesondere von der verminderten Konkurrenz im Nahrungserwerb und bei der Nutzung von Verstecken. In der Praxis bedeutet dies, dass der Iltis in gut bewirtschafteten Niederwildrevieren mit intensivem Prädatorenmanagement vermehrt auftreten kann, einhergehend mit entsprechenden Auswirkungen auf Zielarten wie Fasan, Rebhuhn oder Wiesenvögel.

Als nachtaktiver, vielseitiger Beutegreifer erlegt der Iltis nicht nur Mäuse und Amphibien, sondern macht auch gezielt Jagd auf Gelege, Jungwild oder geschwächte Tiere. Besonders in Brut- und Aufzuchtzeiten kann sein Einfluss auf bodenbrütende Arten erheblich sein. Dabei bewegt er sich geschickt in Randstrukturen, entlang von Gräben, unter Strohmieten oder in Holzlagerplätzen – alles klassische Orte, die er zur Jagd und als Unterschlupf nutzt. Aber auch inmitten von offenen Grünlandflächen sucht der Iltis diese freien Flächen ab. Die Bejagung des Iltisses ist durch die rechtlichen Einschränkungen vielerorts erschwert, aber nicht unmöglich. Am effektivsten erfolgt sie mit Lebendfangsystemen, etwa in Form von Betonrohrfallen oder speziell angepassten Kastenfallen. Besonders an Zwangspässen, zum Beispiel über Gräben, hat sich dies bewährt. Aufgrund seiner heimlichen Lebensweise und seines geringen Körpergewichts ist der Iltis jedoch eine anspruchsvolle Fangwildart. Die Fangsysteme müssen feinfühlig eingestellt, mit geeigneten Auslösetechniken ausgestattet und regelmäßig kontrolliert werden. Für ein wirksames Iltismanagement ist darüber hinaus ein Monitoring unerlässlich. Wildkameras oder gezielte Beobachtung können helfen, seine Präsenz im Revier festzustellen. In Revieren mit hoher Iltisdichte kann es sinnvoll sein, Schwerpunkte der Aktivität kartografisch zu erfassen und diese Zonen gezielt in die Jagdstrategie einzubeziehen.

Besonders erfolgreich ist die Bejagung in der kalten Jahreszeit, wenn Deckung knapp und das Wild vermehrt auf der Suche nach Nahrung ist. Auch in Strohmieten und Reisighaufen oder entlang von Gewässerläufen lassen sich dann gute Fangergebnisse erzielen. Die Rolle des Iltisses im ökologischen Gefüge ist komplex. Einerseits gehört er zur natürlichen Raubwildfauna Mitteleuropas, andererseits kann er bei ungünstiger Habitatstruktur oder in ohnehin geschwächten Populationen zum limitierenden Faktor für Zielarten werden. Dies gilt insbesondere dann, wenn andere Beutegreifer bereits erfolgreich reduziert wurden und damit der regulierende Druck auf den Iltis entfällt. Ein modernes Prädatorenmanagement sollte daher auch den Iltis nicht außer Acht lassen. Doch dort, wo es verantwortungsvoll betrieben wird, stellt es eine wichtige Ergänzung zur Bejagung größerer Raubsäuger dar im Sinne eines ganzheitlichen Ansatzes, der nicht nur Symptome lindert, sondern ursächlich in das komplexe Beziehungsgefüge zwischen Raub- und Niederwild eingreift.

Waschbären haben sich nahezu explosionsartig in Deutschland vermehrt.

WASCHBÄR – RAUBSÄUGER MIT KONFLIKTPOTENZIAL

Der Waschbär hat sich in den vergangenen Jahrzehnten in Europa rasant ausgebreitet. Ursprünglich aus Nordamerika stammend und in Mitteleuropa gezielt sowie auch unbeabsichtigt eingebürgert, ist er heute nahezu flächendeckend in Deutschland vertreten. Seine enorme Anpassungsfähigkeit, hohe Reproduktionsrate und sein Allesfresser-Verhalten machen ihn zu einem äußerst erfolgreichen, aber auch problematischen Neozoon. Besonders im Kontext der Niederwildhege und des Artenschutzes gewinnt die Bejagung des Waschbären zunehmend an Bedeutung. Während seine Sichtung im Revier lange Zeit als Einzelfall galt, gehört er heute in vielen Regionen zum festen Bestandteil der Raubwildfauna. Seine Auswirkungen auf bodenbrütende Vogelarten, Amphibien, Gelege und sogar Fledermauskolonien in Baumhöhlen sind vielfach dokumentiert. Der Waschbär ist nicht nur ein effizienter Räuber, sondern auch ein Nahrungskonkurrent für heimische Arten. Seine Jagd ist deshalb keine Frage der Mode, sondern eine Notwendigkeit im Rahmen eines ganzheitlichen Prädatorenmanagements.

FANGJAGD IST PFLICHT

Am effektivsten lässt sich der Waschbär mit Fallen bejagen. Hierbei haben sich vor allem mobile Fangsysteme bewährt, da sich die Aufenthaltsorte und Aktivitätsmuster der Tiere im Jahresverlauf deutlich verschieben. Während sie im Sommer verstärkt an Gewässern, Feldern oder Obstbeständen anzutreffen sind, suchen sie im Winter vermehrt geschützte Tagesverstecke in Gebäuden, Strohmieten, Feldscheunen oder Baumhöhlen auf. Mit einem Netz aus stationären Betonrohrfallen, ergänzt durch mobile

Kasten- und Kofferfallen, lassen sich unterschiedliche Fangschwerpunkte abdecken. In Regionen mit hoher Dichte können auch spezielle Lebendfangbunker, je nach rechtlicher Lage, eingesetzt werden. Ein besonders wirkungsvoller Fangplatz ist die Schwarzwildkirrung. Durch hochgestellte Koffer- oder Kastenfallen, die Waschbären anlocken, aber für Sauen unzugänglich sind, kann gezielt und selektiv gefangen werden. Diese Art der Platzwahl erfordert allerdings eine sorgfältige Justierung der Fallen, um Fehlfänge auszuschließen und die Fanggeräte sicher zu betreiben.

ANSITZ AUF „BÄREN"

Neben der Fangjagd ist auch die Ansitzjagd auf Waschbären möglich, vorausgesetzt ihre Tagesverstecke sind bekannt. Diese befinden sich häufig in Felswänden, Feldspalten, Baumhöhlen oder in dichter Vegetation wie Brombeerdickungen und Schilfbereichen. Dort können sie in der Dämmerung oder im Morgengrauen gezielt angegangen werden. Diese Jagdart erfordert allerdings ausgeprägte Ortskenntnis, Geduld und genaue Planung, da Waschbären äußerst vorsichtig und standorttreu agieren. Die Lockjagd auf

Die maskierten Räuber lassen sich sehr gut mit der Falle bejagen.

Waschbären ist theoretisch möglich, hat sich in der Praxis jedoch nur bei sehr hoher Populationsdichte als wirklich erfolgreich erwiesen.
Dabei können sogenannte Pup-Screamer eingesetzt werden, die den Klagelaut von Jungwaschbären imitieren. Auch sogenannte *Fight Calls*, aggressive Laute kämpfender

Auch im Rahmen der Ansitzjagd lassen sich Waschbären gut bejagen.

Waschbären, lassen sich verwenden, um Artgenossen anzulocken. Doch der Jagderfolg bleibt in den meisten Revieren bescheiden. Problematisch ist der Waschbär auch bei Bewegungsjagden oder bei der Jagd mit Hunden. Gerät ein Vierbeiner an einen Waschbären, kommt es nicht selten zu Verletzungen. Waschbären stellen sich sehr schnell, verteidigen sich vehement und sind in der Lage, einem Hund ernsthaften Schaden zuzufügen. Gleiches gilt für die Baujagd. Der Waschbär ist ein äußerst unangenehmer Gegner, springt selten freiwillig vor dem Hund und kann sich im Bau festsetzen. Für den Hund bedeutet das eine hohe Verletzungsgefahr. Die Waschbärbejagung ist damit ein komplexes Thema, das differenziertes Handeln erfordert. Nur wenn Fallen- sowie Ansitzjagd und übrige Jagdarten intelligent kombiniert werden, lässt sich der Waschbär nachhaltig und wirkungsvoll reduzieren, zum Schutz unserer heimischen Artenvielfalt.

Im Sommer gehen Jungdachse aus dem Vorjahr auf Wanderschaft und lassen sich dabei gut erbeuten.

DACHS

Der Dachs ist ein zentrales Element im Prädatorenmanagement. Als ausgezeichneter Baumeister schafft er durch seine weitverzweigten Bausysteme Rückzugsräume, die später auch von Fuchs, Marderhund oder Waschbär genutzt werden können. Damit trägt der Dachs nicht nur als direkter Beutegreifer zur Belastung der Zielarten bei, sondern auch indirekt durch die Förderung anderer Raubwildarten. Sein Suchverhalten ist gründlich und systematisch. Alles, was um seinen Bau lebt, wird, wenn es gefunden wird, gefressen. Der Dachs ist ein Allesfresser, welcher keine Gelegenheit ungenutzt lässt. Seine Bejagung gelingt am besten am Bau, besonders in den ersten Wochen der Jagdzeit, vor allem mit moderner Wärmebildtechnik (Gesetzeslage beachten), die eine gezielte Ansprache in der Dämmerung erlaubt. Ist der Bau schlecht einsehbar, bleibt die klassische Baujagd mit gut eingearbeiteten Hunden ein sinnvolles Mittel, wo es die Gesetzgebung erlaubt. Der Ansitz und die Pirsch kann ebenfalls nach der Maisernte erfolgsversprechend sein. Im Feldrevier gibt es zu dieser Zeit viele offene Flächen, sodass die Dachse leicht auszumachen sind. Auch Streuobstwiesen können gute Flächen im Revier sein, um auf Dachse gezielt anzusitzen. Sobald Schmalzmänner auf großer Fläche intensiv bejagt werden, wird die Dichte rasch auf ein erträgliches Niveau reduziert. Im März/April oder Juli/August gehen die Jungdachse aus dem Vorjahr auf Wanderschaft in neue Reviere und besetzen verwaiste Baue. Hin und wieder legen sie auch einen Bau neu an.

Wer den Bau hat, hat den Dachs, lautet eine alte Jägerweisheit. Diese Weisheit resultiert aus der starken Bindung des Dachses an seinen Bau.

In offenen Feldrevieren werden zu dieser Zeit häufig auch trockene Durchlässe angenommen und durch Grabaktivität daneben erweitert.

BAUM- UND STEINMARDER

Der Baummarder spielt im Alpenraum eine besondere Rolle. In Rückzugsräumen von Auerwild, Birkhuhn, Haselhuhn oder Schneehase stellt er eine ernstzunehmende Bedrohung dar. In vielen Regionen ist er inzwischen ganzjährig geschützt, trotzdem zeigen Fänge in offenen Agrarlandschaften, dass der Baummarder weit über Waldgebiete hinaus aktiv ist. Seine Präsenz in Lebendfallen, fernab vom Gehölz, deutet auf eine hohe Populationsdichte hin. Viele Reviere sind vermutlich bereits vollständig besetzt. Der Steinmarder hingegen ist ein echter Kulturfolger. Er nutzt Scheunen, Dachböden, Gartenhäuser, lebt stadtnah und kommt in abwechslungsreichen Agrarlandschaften ebenso gut zurecht. Beide Arten sollten beim Prädatorenmanagement nicht außer Acht gelassen werden, insbesondere wenn größere Beutegreifer bereits reduziert wurden. Stein- und Baummarder werden am effektivsten mit Fallen gefangen. Es hat sich gezeigt, dass der überwiegende Teil bei der Fallenjagd zur Strecke kommt. Ein Betonrohrfallennetz, das durch Kasten- und Kofferfallen erweitert wird, ist in Bezug auf die Reduzierung der Marder entscheidend. Besonders Fallen auf Zwangspässen, aber auch interessant beköderte Fallen fangen den Marder gut. Eier, frisches Luder oder süße Köder wirken auf die kleinen Räuber besonders anziehend. Auch fremder Marderurin macht den territorialen Marder neugierig. Des Weiteren kann mit dem gut eingearbeiteten Hund gezielt nach Mardern in Feldscheunen, Reisighaufen und Strohmieten gesucht werden. Auch der Bau von Marderschlafkästen, die gezielt bejagt werden, stellen eine Variante dar. In der Praxis hat sich jedoch gezeigt, dass bei intensiv betriebener Fallenjagd der Jagderfolg mit Marderschlafkästen ausbleibt.

Lange wurde angenommen, Baummarder gibt es nahezu ausschließlich im Wald. Doch auch in Agrarlandschaften ist er anzutreffen.

Marder lassen sich bei Ansitz oder Pirsch nur schwer bejagen. Fangjagd ist hier das Mittel der Wahl.

GEMEINSCHAFTLICH AUF RAUBWILD JAGEN

In vielen Revieren, in denen Fallen- und Nachtjagd kaum möglich sind, bleibt die Gesellschaftsjagd eine der wirksamen Möglichkeiten, um Räuber zu reduzieren.

Zwischenfruchtschläge werden gern von Füchsen als Tagesversteck genutzt.

Vor allem dann, wenn ein fehlender Niederwildbesatz keine Hasen- oder Fasanenjagd zulässt, kann eine Gesellschaftsjagd auf Raubwild Nachbarreviere motivieren und den Zusammenhalt stärken. Richtig organisiert, diszipliniert durchgeführt und mit erfahrenen Schützen und Hundeführern besetzt, ist sie ein unverzichtbarer Bestandteil eines umfassenden Prädatorenmanagements. Sie vereint jagdliche Gemeinschaft, gelebte Hege und handwerkliches Können zu einer Form der Jagd, die sowohl effektiv als auch waidgerecht ist. Die gezielte Treibjagd auf Füchse, Marderhunde und Waschbären ist vor allem in klassischen Feldrevieren ein probates Mittel, um Raubwild effektiv zu bejagen. Zwischenfruchtschläge, Zuckerrübenfelder, Schilfstreifen, dichte Hecken oder Feldgehölze bieten ideale Rückzugsorte für Raubwild, das sich hier tagsüber versteckt. Vor allem dort, wo Fallen nicht eingesetzt werden dürfen oder die Nachtjagd unter Zuhilfenahme von Technik untersagt ist, lassen sich durch gut geplante Raubwildjagden große Strecken erzielen. Solche Jagden wirken nicht flächendeckend, sondern punktuell. Sie zielen auf bekannte Hotspots und Rückzugsräume, die das Raubwild regelmäßig nutzt.

VORBEREITUNG

Eine erfolgreiche Gesellschaftsjagd auf Raubwild beginnt lange vor dem ersten Signal. Die Vorbereitung entscheidet über Erfolg oder Misserfolg. Das betrifft sowohl die Auswahl der Flächen als auch die Planung der Bewegungsrichtung, den Aufbau der Treiberkette oder die Standorte der Schützen. Besonders wichtig ist die Ruhe im Ablauf. Hektik oder Lärm führen dazu, dass das Raubwild frühzeitig ausweicht oder sich tief in Deckung drückt. Ein gut organisiertes Treiben verläuft gleichmäßig und diszipliniert. Jeder Teilnehmer kennt seine Aufgabe und hält sich daran. Die Jagdleitung muss das Revier und die Eigenheiten der

Ebenfalls reichlich Deckung bieten Zuckerrübenfelder.

Deckungen genau kennen. Zwischenfrüchte, die noch grün stehen, bieten oft dichte Einstände, die Füchse bevorzugen. Zuckerrübenfelder mit Restbewuchs oder Schilfstreifen entlang von Gräben sind bevorzugte Tagesverstecke, ebenso wie lange Hecken oder dichte Feldgehölze. Solche Treiben sind anspruchsvoll , sie verlangen keine Masse an Teilnehmern. Es kommt vielmehr auf die Versiertheit aller Teilnehmer an. Wenige, erfahrene, ruhige Jäger mit sicherer Hand sind wertvoller als große Schützenlinien voller Unruhe. Auch die Treiber müssen umsichtig arbeiten. Sie sollten gleichmäßige Abstände und eine gerade Reihe einhalten, da sich der Fuchs schnell die größte Lücke sucht und hindurchschlüpft. Von zentraler Bedeutung ist der Einsatz geeigneter Hunde, ohne sie wäre diese Form der Jagd kaum denkbar. Gefragt sind spurlaute, kurzjagende Hunde mit starkem Finderwillen, die das Raubwild suchen und konsequent aus der Deckung treiben. Vierbeiner, die sich ausschließlich auf Schalenwild und Hasen konzentrieren, sind fehl am Platz. Ebenso wichtig ist, dass die eingesetzten Hunde das Verhalten der jeweiligen Raubwildarten kennen. Marderhunde etwa haben die Angewohnheit, sich totzustellen, wenn sie gestellt werden. Ein unerfahrener Hund lässt sich davon täuschen und zieht weiter. Ein erfahrener Vierbeiner dagegen erkennt die Täuschung, apportiert oder gibt Laut, bis der Führer eingreifen kann. Solche Erfahrungen müssen durch wiederholten, gezielten Einsatz und konsequente Ausbildung aufgebaut werden. Vor allem bei Treiben in Schilfstreifen oder Röhrichten ist die Arbeit der Hunde entscheidend. Hier drückt sich das Wild, nutzt Wasserläufe und Röhren als Fluchtwege und verhält sich völlig lautlos. Nur ein mutiger, ausdauernder Hund findet dort zuverlässig Wild.

Wichtig ist, dass die Hunde mit einer gut sichtbaren Warnweste ausgestattet sind, idealerweise in Signalorange oder Gelb und gegebenenfalls mit einer kleinen Glocke

Marderhunde stellen sich bei Bedrohung häufig tot. Da kann der unerfahrene Hund rasch irritiert sein.

Auf Gesellschaftsjagden eingesetzte Hunde sollten gut sichtbare Warnkleidung tragen.

oder einem Ortungsgerät, um ihre Position zu erkennen. In unübersichtlichen Verhältnissen kann so verhindert werden, dass es zu gefährlichen Situationen mit den Schützen kommt.
Die Schützen selbst müssen sehr diszipliniert agieren. Der Schuss auf Raubwild im Treiben unterscheidet sich deutlich von dem auf Schalenwild. Schüsse in Richtung anderer Jäger oder Jagdteilnehmer sind strikt zu vermeiden. Auf Raubwild wird ausschließlich mit der Flinte geschossen, und die Wahl der Munition spielt dabei eine entscheidende Rolle. Bewährt haben sich Schrote zwischen 3,2 und 3,5 Millimetern mit stärkerer Ladung von rund 36 bis 40 Gramm Vorlage. Diese Kombination bietet auf Fuchs und Marderhund eine ausreichende Durchschlagskraft auch auf mittlere Entfernungen, ohne übermäßige Streuung zu verursachen. Vor allem bei engen Treiben oder Schilfstreifen ist eine Flinte mit offener Bohrung zu bevorzugen. Viele erfahrene Raubwildjäger setzen auf halbautomatische Flinten, sofern diese jagdlich zugelassen sind. Die Vorteile liegen in der schnellen Schussfolge und dem dritten Schuss, wenn ein Stück nach dem anderen flüchtet. Auf dem Schießstand sollte jeder Schütze seine Waffe testen und die eigenen Fertigkeiten trainieren, um Fehler zu vermeiden. Alle Teilnehmer tragen gut sichtbare Warnkleidung, vorzugsweise mit reflektierenden Streifen. Hundeführer und Treiber sind so auch bei schlechter Sicht erkennbar. Das Verhalten nach dem Schuss ist ebenso wichtig wie der Schuss selbst. Deshalb muss nach jedem Treiben eine konsequente Nachsuche erfolgen. Jeder Nachsuchenführer sollte mit einem geeigneten Abfangmesser ausgerüstet sein und wissen, wann und wie ein Stück waidgerecht zu erlösen ist.

REVIERÜBERGREIFEND AUF RÄUBER

Neben der eigentlichen Treibjagd bieten sich in Regionen mit hohem Raubwildaufkommen auch revierübergreifende Baujagden als Ergänzung an. Hierbei schließen sich mehrere Reviere zusammen, um gemeinsam systematisch alle bekannten Bauanlagen zu bejagen. Vor allem dort, wo Schilfstreifen,

Gräben oder Feldgehölze regelmäßig als Rückzugsräume genutzt werden, ist das eine sinnvolle Ergänzung zur klassischen Treibjagd. Diese revierübergreifende Zusammenarbeit stärkt nicht nur die Effizienz, sondern auch das Miteinander der Jäger. Dies ist ein entscheidender Faktor für den langfristigen und großflächigen Erfolg.
Treibjagden auf Raubwild sind aufwendig, verlangen Planung und Koordination, doch sie sind erforderlich, um Raubwild effektiv zu reduzieren. Sie sind gelebte Verantwortung für das Niederwild, für Bodenbrüter und für den Schutz der Arten, die ohne menschliche Unterstützung in unserer intensiv genutzten Landschaft kaum mehr bestehen könnten.

GEMEINSCHAFTS-ANSITZ AUF RAUBWILD

Der Gemeinschaftsansitz auf Raubwild ist eine weitere Möglichkeit, Raubwild zu bejagen, zugleich aber auch eine anspruchsvolle Form der koordinierten Bejagung.
Er verbindet Planung und lebt vom Zusammenspiel mehrerer Jäger, die ihre Aufgaben kennen und aufeinander abgestimmt handeln. Anders als bei Gesellschaftsjagden steht nicht die Bewegung des Wildes durch Treiben im Vordergrund, sondern das geduldige, koordinierte Ansitzen. Besonders in Feld-Wald-Revieren, in denen Fuchs, Waschbär und Marderhund häufig an den Übergängen zwischen Deckung und offener Fläche ziehen, entfaltet der Gemeinschaftsansitz seine volle Stärke. Hier werden mehrere Jäger gleichzeitig an vielversprechenden Stellen positioniert, zum Beispiel an Luderplätzen, Waldkanten, Naturbauen, Schilfstreifen oder auf frisch geernteten Stoppelfeldern. Die Positionen sind so gewählt, dass sich die Schussfelder ergänzen und Sicherheit gewährleistet bleibt. Kommunikation, Windrichtung und gegenseitige Sichtbarkeit spielen dabei eine entscheidende Rolle.

Wird revierübergreifend gejagt, werden teils große Strecken in kurzer Zeit erbeutet.

Neben Treib- oder Baujagden kann natürlich auch gemeinschaftlich vom Ansitz aus auf Raubwild gejagt werden.

PLATZWAHL

Der klassische Luderplatz bleibt einer der wirkungsvollsten Anziehungspunkte für die Raubwildjagd. Über die kalte Jahreszeit, besonders im Spätwinter, wenn das Nahrungsangebot knapp wird, nehmen Füchse und Waschbären Luder sehr zuverlässig an. Regelmäßige, maßvolle Beschickung ist dabei entscheidend. Beim Gemeinschaftsansitz werden die Schützen so verteilt, dass Wind und Kugelfang berücksichtigt werden und keine gegenseitige Gefährdung entsteht.
Der beste Luderplatz nützt wenig, wenn der Wind falsch steht. Ein weiterer klassischer Ort für den Gemeinschaftsansitz sind aktive Baue. In Revieren mit bekannten Bauanlagen lassen sich gezielt Jäger in Schussposition bringen, ohne den Bau zu stören. Gerade bei Frost und Schneelage nutzen Füchse und Marderhunde ihre Bauten regelmäßig. Es empfiehlt sich, frühzeitig anzusitzen – etwa eine Stunde vor Eintritt der Dämmerung – und bis spät in die Nacht zu verweilen.
Waldkanten und Übergänge zu landwirtschaftlichen Flächen sind ebenfalls klassische Standorte für den gemeinschaftlichen Raubwildansitz. Füchse und Waschbären wechseln bevorzugt entlang der Linien, da sie dort Deckung und freie Bewegung kombinieren können. Insbesondere in frostigen, klaren Nächten sind solche Wechsel wie Autobahnen im Revier fürs Raubwild. Wer den Wind richtig deutet, kann hier fast jede Nacht Bewegung erwarten. Eine ganz besondere Magie entfalten frostige Schneenächte. Das Knistern des Eises, die gedämpften Geräusche und das helle Mondlicht schaffen nicht nur eine besondere Atmosphäre, sondern auch ideale Bedingungen für den Schuss. Jeder Schritt des Wildes ist hörbar, jeder Schatten sichtbar. Mehrere Jäger, die verteilt in einer Landschaft aus Wald und Feld sitzen, können so innerhalb weniger Stunden beachtliche Strecken erzielen, ohne das Wild flächendeckend zu vergrämen.
Frisch abgeerntete Stoppelfelder bilden im Spätsommer und Frühherbst ebenfalls hervorragende Ansitzorte. Hier finden sich Mäuse, Aasreste oder zurückgebliebene Ernteabfälle – ein reich gedeckter Tisch für den Fuchs. Besonders in den ersten Nächten nach der Ernte, wenn die Felder noch offen und übersichtlich sind, lassen sich Füchse zuverlässig ansprechen und bejagen. Beim

Insbesondere in der nahrungsarmen Zeit im Winter ziehen Luderplätze Raubwild nahezu magisch an.

Insbesondere abgeerntete Getreideschläge sind wahre Hotspots für die Raubwildjagd zu dieser Zeit.

Gemeinschaftsansitz werden dabei die Feldränder und angrenzenden Hecken besetzt, um die Einwechselpunkte zu kontrollieren. Auch hier ist der Wind der entscheidende Faktor. Ein Windhauch aus der falschen Richtung genügt und das Raubwild bleibt unsichtbar. Deshalb sollten die Stände so gewählt sein, dass sich die Winde der Schützen nicht kreuzen und der gesamte Bereich gleichmäßig abgedeckt ist.

Der Gemeinschaftsansitz erfordert Disziplin und Absprache. Jeder Schütze muss sich seiner Verantwortung bewusst sein. Es wird nur geschossen, wenn das Ziel eindeutig erkannt und Kugelfang gegeben ist. Wer unruhig wird oder sofort nach dem Schuss den Stand verlässt, vermasselt die Chance auf Mehrfacherlegungen. Deshalb gilt es Ruhe zu bewahren, nach dem Schuss weiter zu beobachten, die Umgebung zu sichern und das Verhalten des Wildes zu analysieren. Ein gut organisierter Gemeinschaftsansitz kann mehr bewirken als viele Einzelansitze. In Kombination mit Fallen- oder Baujagdmaßnahmen kann so ein nachhaltiger Druck auf das Raubwild aufgebaut werden, der langfristig zu sinkenden Dichten führt.

Auch im Sommer kann gemeinschaftlich angesessen werden.

RAUBWILDBEJAGUNG IM JAHRESVERLAUF

Prädatorenmanagement ist keine einmalige Aktion, sondern eine Daueraufgabe.

Jedes Jahr beginnt der Kreislauf von Neuem: Füchse ranzen, Fähen werden belegt, Gehecke werden gewölft, Jungfüchse ziehen aus und neue Zuwanderer besiedeln das Revier. Wer den Raubwildbestand auf einem niedrigen Niveau halten möchte, muss ganzjährig aktiv sein und seine Maßnahmen an den Jahreslauf anpassen.

JANUAR UND FEBRUAR – HOCHSAISON DER BAUJAGD

Der Winter ist die klassische Zeit für die Baujagd. Die Vegetation ist niedrig, der Bau ist gut einsehbar und die Fähen sind noch nicht hochträchtig. Jetzt lassen sich revierfeste Rüden, Paare und Überwinterer entnehmen. Besonders der Kunstbau ist in

Im Winter ist Hochsaison für die Baujagd.

Es sollte frühzeitig geprüft werden, ob die Baue im Revier durch ein Geheck belegt sind.

dieser Zeit ein wertvolles Werkzeug, um kontrolliert und planbar zu jagen. Auch die Fallenjagd läuft in dieser Zeit auf Hochtouren. In der kalten Jahreszeit ist die Fängigkeit besonders hoch, weil der Nahrungsbedarf steigt. Wichtig sind die tägliche Kontrolle und das rechtzeitige Nachlegen von Ködern, die bei Frost nicht verderben. Manche Reviere nutzen diese Zeit auch für revierübergreifende Gesellschaftsjagden. Rübenreste, Brachen, Schilfstreifen oder Feldholzinseln werden systematisch mit Hunden durchgearbeitet. So kann ein erheblicher Teil des Winterbesatzes entnommen werden, bevor die Ranz abgeschlossen ist.

MÄRZ – ENDE DER JAGDZEIT UND BEGINN DER PLANUNG

Im März geht die Jagdzeit für viele Raubwildarten zu Ende oder ist bereits abgeschlossen. Der Fokus liegt nun auf der Vorbereitung der neuen Saison. Das Baukataster wird aktualisiert, alle bekannten Natur- und Kunstbaue werden überprüft und auf Aktivität kontrolliert. Frische Sandaufschüttungen, Losung oder Haarreste geben Hinweise, ob der Bau besetzt ist. Auch die Falleninfrastruktur wird gewartet. Fallen werden gereinigt, defekte Mechanismen ausgetauscht, Fangmelder überprüft. Nun ist auch der Zeitpunkt gekommen, um neue Fangplätze einzurichten oder bestehende zu optimieren. In Revieren mit hohem Waschbärbesatz kann die Fallenjagd fortgesetzt werden (Gesetzeslage beachten). Der März ist oft eine gute Zeit, um noch einzelne Stücke zu fangen, bevor die Setzzeit beginnt.

APRIL UND MAI – BAUKONTROLLE UND FRÜHERKENNUNG

Der Frühling ist die sensibelste Zeit im gesamten Prädatorenmanagement. Jetzt entscheidet sich, ob Gehecke im Revier groß werden. Regelmäßige Baukontrollen sind Pflicht: Jeder Bau wird überprüft, um festzustellen, ob er befahren ist. Ziel ist, möglichst früh zu erkennen, wo eine Fähe gewölft hat. Früherkennung kann zusätzlich durch Wildkameras an den Reviergrenzen unterstützt werden. Kameras an Leitwegen oder Zwangspässen dienen als Warnsystem, wenn Füchse aus Nachbarrevieren einwechseln. Auch der Aufbau von Luderplätzen kann in dieser Zeit vorbereitet werden, damit sie zur Ranz und später im Sommer voll angenommen werden. In dieser Phase ist es wichtig, den Bau nicht unnötig zu stören. Wer zu früh oder zu oft eingreift, riskiert, dass die Fähe wechselt und die Jungfüchse an einen unzugänglicheren Ort bringt. Beginn der Jungfuchsbejagung!

JUNI – BEGINN DER JUNGFUCHS-BEJAGUNG

Im Juni unternehmen Jungfüchse teils die ersten raumgreifenden Ausflüge rund um den Ort ihrer Aufzucht. Nun kann der Jäger ihnen an frisch gemähten Wiesen bestens nachstellen.

JULI – EFFIZIENZKONTROLLE, JAGD AM STOPPELFELD

Nach der Getreideernte beginnt die Zeit der Effizienzkontrolle. Mit der Wärmebildkamera kann jetzt sehr gut festgestellt werden, wie hoch der Raubwildbesatz im Revier noch ist. Stoppelfelder bieten optimale Sicht, und viele Jungfüchse sind jetzt selbstständig sowie allein unterwegs. Das Abfahren der Felder mit dem Auto oder das Abpirschen bei Dunkelheit ist eine sehr effektive Methode, um Jungfüchse zu erlegen. Wer jetzt konsequent jagt, reduziert die Zahl der Zuwanderer, bevor sie im Herbst wieder feste Territorien besetzen.

AUGUST – BEGINN DER FALLEN-JAGDSAISON UND WIESELFANG

Im August beginnt vielerorts die Fallenjagdsaison. Fangplätze werden freigemäht, Fallen beködert und scharf gestellt. Besonders wichtig ist, dass die Fangplätze so gewählt sind, dass sie im Verlauf der Saison leicht erreichbar bleiben und der Arbeitsaufwand bei der Pflege überschaubar ist. Der August ist auch der richtige Monat für den Wieselfang. Mit Wieselwipp-

Im Sommer sind die selbstständig werdenden Jungfüchse auf Stoppelfeldern häufig anzutreffen.

Je nach Gesetzeslage kann im August mit der Fangjagd begonnen werden.

brettfallen können große Wiesel gefangen werden. Zusätzlich ist der Ansitz auf Dachse am Bau nun erfolgversprechend. Nach der Getreideernte zeigen Schmalzmänner häufig frühe Aktivität an den Bauen und lassen sich in den Abendstunden sicher bejagen. Auch der Altfuchs wird jetzt wieder mitbejagt (Gesetzeslage beachten).

SEPTEMBER UND OKTOBER – ZUWANDERUNG UND LUDERPLATZBEJAGUNG

Nach der Maisernte kommt Bewegung in die Reviere. Zuwanderung von Füchsen aus angrenzenden Revieren ist nun häufig zu beobachten. Jetzt lohnt es sich, die Luderplätze zu aktivieren und regelmäßig zu beschicken. Auch die Fallenjagd läuft auf Hochtouren, die Pässe sind freigemäht und die Fangmelder funktionieren zuverlässig. Durch die Kombination aus Fallen, Ansitzen und der Raubwildbejagung am Luderplatz lassen sich viele zugewanderte Füchse und Marderhunde erlegen, bevor sie neue Territorien besetzen.

NOVEMBER – RUHE VOR DEM WINTER

Der November ist eine Übergangszeit. Die Vegetation ist weitgehend zusammengefallen, die Sicht ist gut, aber die Fuchsranz hat noch nicht begonnen. Dies ist eine gute Zeit, um systematisch zu pirschen, Baue zu kontrollieren und den Revierbesatz zu dokumentieren. Auch für die Vorbereitung der Wintergesellschaftsjagden ist nun Zeit. Jetzt gilt es, Treiben zu planen, Schützenstände zu markieren, Hundeführer einzuladen und die Sicherheitskonzepte abzustimmen.

DEZEMBER – HÖHEPUNKT DER WINTERBEJAGUNG

Der Dezember ist traditionell der Monat für Fuchsansitze und Gesellschaftsjagden. In klaren Winternächten lassen sich mit der Wärmebildkamera viele Füchse entdecken. Luderplätze sind nun besonders attraktiv, weil das natürliche Nahrungsangebot abnimmt. Die Gesellschaftsjagd ist eine hervorragende Möglichkeit, große Flächen auf einmal zu bejagen und den Besatz spürbar zu reduzieren.

VERWERTUNG UND TROPHÄEN DES RAUBWILDES

Die Verwertung von erlegtem Raubwild ist mehr als reine Notwendigkeit, sie ist Ausdruck jagdlicher Ethik, handwerklicher Kultur und Respekts gegenüber dem Tier.

Auch wenn sich die wirtschaftliche Bedeutung der Bälge in den vergangenen Jahrzehnten stark verändert hat, bleibt die Verwertung ein wichtiger Teil verantwortungsvoller Jagdausübung. Ob der Balg, der Schädel, das Dachsfett oder als Schleppwild, jedes erlegte Stück verdient eine sinnvolle Verwertung. Die Rohfellvermarktung von Fuchs, Marder oder Waschbär rechnet sich heute kaum noch. Der Welthandel mit Naturfellen ist eingebrochen, die Nachfrage schwankt und die Ankaufspreise liegen oft im Bereich weniger Euro pro Stück. Dennoch bleibt der Balg ein hochwertiges Naturprodukt – warm, strapazierfähig und ästhetisch. Fuchsmuff, Waschbärmütze, Jackeninnenfutter oder Fuchskissen und -decken sind langlebige, handgefertigte Erinnerungsstücke, die Funktion mit Tradition verbinden. In der Praxis lohnt es sich, die besten Winterbälge selbst zu nutzen oder beim Gerber und Kürschner gerben und weiterverarbeiten zu lassen. Leider verschwindet das Kürschnerhandwerk zunehmend und mit ihm das Wissen um die Arbeit mit Fellen. Dabei war dieses Wissen

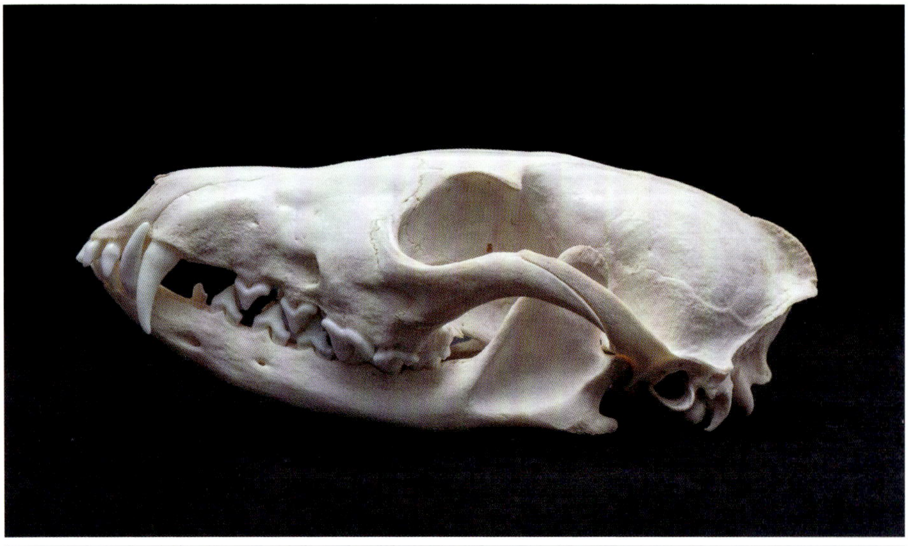

Schädel von erlegtem Raubwild sind wahre Hingucker in der Trophäensammlung.

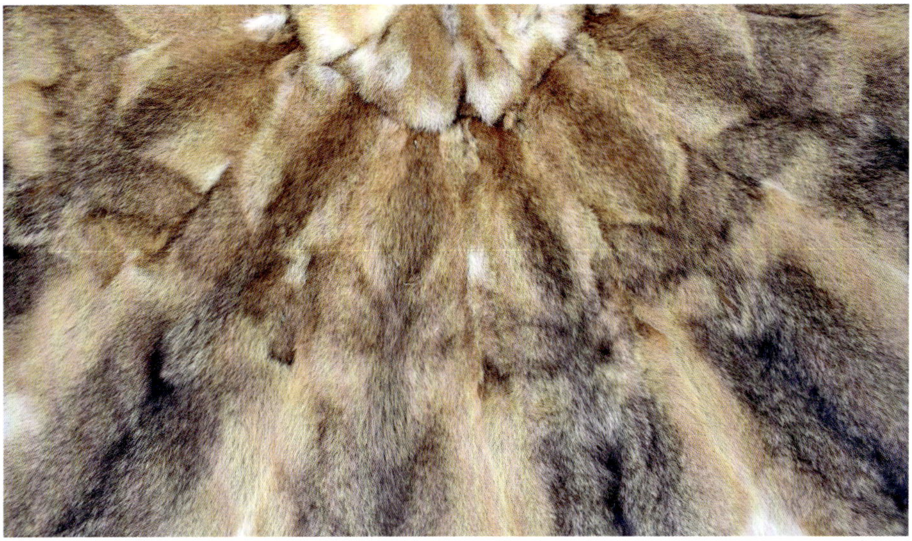

Die gegerbten Bälge von erlegten Füchsen können beispielsweise zu Decken oder Bekleidungsstücken umgearbeitet werden.

über Generationen selbstverständlich. Auch erlegte Stücke Raubwild liefern Trophäen, die dem Jäger bleibende Erinnerungen bieten und die handwerkliche Auseinandersetzung mit dem Wild fördern. Besonders beliebt sind:

— Schädel: Fuchs-, Dachs-, Marder- oder Waschbärschädel sind klassische Raubwildtrophäen. Neben der optischen Wirkung dokumentieren sie auch Alter, Gebisszustand und Artmerkmale. Ein sauber präparierter Schädel, gebleicht und auf einem schlichten Brett montiert, ist eine respektvolle Erinnerung.

— Fuchshaken: Die Eckzähne des Fuchses, meist in Silber gefasst, gehören zu den ältesten und bekanntesten Raubwildtrophäen. Getragen an der Kette oder am Hut, erinnern sie an besondere Jagderlebnisse.

— Balg: Ein vollständig abgebalgter, sauber gegerbter Fuchs oder Marder kann ebenfalls als Trophäe dienen – nicht nur dekorativ, sondern auch lehrreich. Viele Jäger lassen sich ihren ersten oder einen besonderen Fuchs als vollständigen Balg herrichten.

Ob Schädel, Haken oder Balg, jede Form der Trophäe ist Ausdruck von Achtung gegenüber dem Tier und handwerklicher Verbundenheit mit der Jagd. Sie steht für Erinnerung, nicht für Prunk und macht sichtbar, dass Raubwild weit mehr ist als Beifang bei der Niederwildhege. Neben der Trophäennutzung spielt Raubwild auch in der Hundeausbildung eine wichtige Rolle. Füchse, die im Sommer auf Stoppelfeldern mit der kleinen Kugel erlegt oder aus der Falle entnommen werden, haben die perfekte Größe und das ideale Gewicht, um als Schleppwild für die Hundeausbildung zu dienen. Vor allem in der Ausbildung von Erd-, Vorsteh- oder Apportierhunden sind sie unersetzlich. So erhält auch das Stück, das jagdlich entnommen wurde, noch einen praktischen Wert in den Diensten der Ausbildung. Manchmal kann erlegtes Wild für wissenschaftliche Untersuchungen abgegeben werden.

Der Dachs ist ein vielseitiges Tier, dessen Nutzung weit über die Trophäe hinausgeht. Sein Fett wurde über Jahrhunderte als Hausmittel geschätzt. Es enthält hohe Anteile ungesättigter Fettsäuren wie Öl-

und Linolsäure, wirkt entzündungshemmend sowie pflegend. Früher war es fester Bestandteil vieler Haus- und Jagdapotheken als Einreibemittel gegen Husten, Gelenkbeschwerden oder Hautprobleme. Auch zur Waffenpflege wurde Dachsfett genutzt, ein dünner Film schützt Metall und Holz zuverlässig gegen Feuchtigkeitsschäden. Das Wildbret des Dachses kann, nach erfolgter Trichinenbeschau, ebenfalls verwertet werden. Gleiches gilt für den Waschbären, dessen Fleisch in anderen Ländern, etwa in den USA, eine Delikatesse ist. In Deutschland dürfen beide Arten nur nach Trichinenbeschau verwertet werden.

In einer Zeit, in der vieles schnelllebig und oberflächlich geworden ist, steht die bewusste Verwertung erlegten Wildes für Werte, die die Jagd seit Jahrhunderten prägen: Respekt, handwerkliches Können, Nachhaltigkeit und ein ganzheitliches Wissen.Raubwild zu bejagen heißt, sich auch mit seiner Nutzung auseinanderzusetzen. Nur wer beides verbindet, jagt wirklich vollständig.

SERVICE

REGISTER

DIE AUTOREN

DR. KONSTANTIN BÖRNER

Dr. Konstantin Börner, geboren 1978 im brandenburgischen Bernau, studierte Biologie und Agrarwissenschaften. Er promovierte in Wildbiologie über den Rotfuchs und ist heute wissenschaftlicher Mitarbeiter des Leibniz Instituts für Zoo und Wildtierforschung in Berlin sowie amtlich bestellter und vereidigter Sachverständiger für Jagd und Wildbiologie. Konstantin Börner jagt selbst seit seiner Jugend, hat ein Jagdrevier in Brandenburg gepachtet und ist Mitglied der „Gesellschaft für Wildtier und Jagdforschung e. V.". Der Mitautor des Kosmos Buchs „Fuchsjagd" publiziert als Wissenschaftsjournalist regelmäßig in wildbiologischen und jagdlichen Fachzeitschriften.

CHRISTIAN HEMBES

Revierjagdmeister Christian Hembes, geboren 1991 in Mainz, ist gelernter Forstwirt und Berufsjäger. Seit vielen Jahren arbeitet er in Niederwildrevieren und widmet sich mit Leidenschaft dem aktiven Artenschutz. Aktuell betreut er in Bayern drei zusammenhängende Reviere mit insgesamt 2.700 Hektar. Als Experte im Bereich Prädatorenmanagement (Wiesenvogelschutz) verfügt er über europaweite Erfahrung in der Raubwildjagd. Eine überdurchschnittlich hohe Zahl erlegter Füchse und zahlreiche erfolgreich begleitete Maßnahmen im Rebhuhn- und Niederwildschutz zeugen von seiner Praxisnähe und seinem Engagement. Hembes ist passionierter Fallenjäger und führt neben einem Foxterrier zwei Deutsch-Langhaar. Neben seiner beruflichen Tätigkeit engagiert sich Hembes ehrenamtlich in Projekten zum Rebhuhnschutz und zur Förderung artenreicher Offenlandschaften. Darüber hinaus hält er Vorträge und gibt Seminare in der jagdlichen Weiterbildung, wobei er praktische Erfahrungen mit aktuellen wissenschaftlichen Erkenntnissen verbindet, dabei aber Tradition und Brauchtum nicht vernachlässigt. Er ist Mitglied in verschiedenen Prüfungsausschüssen im Rahmen der Revierjägerausbildung und engagiert sich im Landesvorstand als stellvertretender Vorsitzender. Als Autor von Fachartikeln bringt er sein Wissen ein und fördert damit den Austausch zwischen Praxis, Ausbildung und Forschung.

BILDNACHWEIS

Mit 190 Farbfotos von AdobeStock/janstria S. 2, /Marko Hoops Photography/Wirestock Creators 4, /Anton Gvozdikov 5, /ondrejprosicky 6–7, /Michael 8 o., /prochym 8 u., /Tatiana 9, /Xaver Klaussner 11, /Alan 13 o., /Leny Silina Helmig 13 u., /Karin Jähne (2): 14, 17 u,, /Johannes 15 o., /Dieter Hopf/imageBROKER 15 u., /Bene 17 o., /alexanderoberst 18 o., /Derek 18 u., /Dmitry Zhukov 19, /Mircea Costina 20, /Erin Cadigan 21, /giedriius 22, /oticki 23, /fnach 24 o., /szmon 25, /Alexey Seafarer 26 o., /Pim Leijen (2): 27, 28 u., /M. Schwarz 28 o., /Marco 29, /Hernan 30 o., /Rolf Müller (3): 30 u., 105., 128, /Sebastian 31, /Ranjith 32 o., /Stan 32 u., /Amelia 33 o., /CecilieBerganStuedal 33 u., /Photospirit 34, /Eliška 35 l., /Jakub Rutkiewicz 35 r., /L Galbraith 36 o., /Ronald Rampsch(2): 36 u., 58, /gopixa 37 o., /Danita Delimont 38, /Víctor 39, /Stanislav Duben 40, /ondrejprosicky (2): 42, 110 o., /Agatar Kadar 43, /Natalia 44 o., /giedriius (2): 44 u., 49, /Anders 93 45, /makupix Photos 46, /Terry B 47 o., /Piotr Krzeslak 47 u., /biggi62 48, /andrewbalcombe 50, /Don Hoskins 51, /Brittany (2): 53, 60 o., /barneyboogles 54, /Ian 56 o., /hkuchera (2): 56 u., 69 u., /WildMedia (2): 57 o., 84, /ronedya 57 u., /Junoreda 59, /Scalia Media 60 u., /Meng_Dakara 61 o., /Matt Roesch 61 u., /Karl 63, /Marco (2): 65 o., 113 o., /Alexander 65 u., /Dee Carpenter 66 o., /Ty 66 u., /Rebekka 67, /Edwin Butter 69 o., /Aggi Schmid 70, /czamfir 71 o., /Leka 71 u., /Ivan 73, /Luftbildfotograf 74 o., /Branislav 74 u., /slowmotiongli 75, /Jarosław Kochnio 76, /Adrian 77, /lemanieh 78, /iredding01 79, /ReNi 80, /New Africa 81, /Wissmann Design 86, /M.Dörr & M.Frommherz 88, Mariia 89 o., /Klaus (2): 90, 141, /Esa Ylisuvanto 91, /Wojciech Wrzesień 93 o., /MEISTERFOTO 95 o., /AxelRedder 99 o., /Dagmar 105 o., /Angela Rohde 106, /focus finder 111, /NickVorobey.com 114, /thecoach1 129 o., /Chris 129 u., /Composer 132, /creativenature.nl 133, /SunnyS 134, /markmedcalf 137 o., /Elena Krivorotova 139, /Christian 140, /Lara Nachtigall 143, /michal 144, /Mario Plechaty 145 o., /RioPatuca Images 145 u., /dan 147, /Karlos Lomsky 148, /Colin 149, /Cyril 150, /NADEZHDA RYBAK 151, /Dave 153, /David 154–155,; Konstantin Börner (3): 10, 55, 159 l.; Christian Hembes (28): 5, 85, 87 beide, 96 beide, 98, 99 u., 100, 101, 103, 104, 108, 109, 115 o., 119 u., 121, 122 u., 125, 130 beide, 131, 135 beide, 138, 159 r.; Karl-Heinz Volkmar (16): 3, 26 u., 62, 64, 82–83, 89 u., 92, 97, 102, 110 u., 112, 113 u., 136, 137 u., 142, 146, ; Markus Lück (14): 37 u., 93 u., 94, 95 u., 115 u., 116,117 o., 118, 119 o., 122 o., 123, 126 beide, 127; Frank Rakow (3): 107, 117 u., 124 o.; Peter Schmitt 124 u.

Mit 7 Illustrationen von Konstantin Börner (6): 12, 16, 24, 41, 68, 72; Kay Elzner 53.

IMPRESSUM

Umschlaggestaltung von Büro Jorge Schmidt unter Verwendung eines Farbfotos von shutterstock/Vaclav Matous.

Mit 191 Farbfotos und 7 Illustrationen.

Gedruckt auf chlorfrei gebleichtem Papier

ISBN 978-3-440-18342-7
Projektleitung und Redaktion: Markus Lück
Gestaltungskonzept: Peter Schmidt Group GmbH, Hamburg
Gestaltung und Satz: typopoint GbR, Ostfildern
Produktion: Vanessa Frömmig
Druck und Bindung: Westermann Druck, Zwickau
Printed in Germany / Imprimé en Allemagne

FSC www.fsc.org MIX Papier | Fördert gute Waldnutzung FSC® C110508